国家示范性高职院校工学结合系列教材

建筑工程质量检验与材料检测

（建筑工程技术专业）

王作成　周仲景　主编
王柏玉　主审

中国建筑工业出版社

图书在版编目（CIP）数据

建筑工程质量检验与材料检测/王作成，周仲景主编．
北京：中国建筑工业出版社，2009
国家示范性高职院校工学结合系列教材（建筑工程技术专业）
ISBN 978-7-112-11524-2

Ⅰ．建⋯　Ⅱ．①王⋯②周⋯　Ⅲ．①建筑工程-工程质量-
质量检验-高等学校：技术学校-教材②建筑材料-检测-高等
学校：技术学校-教材　Ⅳ．TU712　TU502

中国版本图书馆 CIP 数据核字（2009）第 196176 号

本书以建筑工程技术专业培养方案为基本依据，根据现行的国家标准、规范编写。

本书主要内容包括：原材料、半成品、成品的进场质量检测方法以及结果判定；各个检验批、分项工程、分部工程、单位工程质量检验的标准及检验方法。每个单元都以任务为载体，适合采用行动导向的教学方法组织教学，内容清晰明了，便于教学使用。

本书可作为高职院校建筑工程技术专业及其相关专业的教材，也适合施工企业相关管理人员阅读。

* 　* 　*

责任编辑：朱首明　刘平平
责任设计：赵明霞
责任校对：袁艳玲　王雪竹

国家示范性高职院校工学结合系列教材
建筑工程质量检验与材料检测
（建筑工程技术专业）
王作成　周仲景　主编
王柏玉　主审

*

中国建筑工业出版社出版、发行（北京西郊百万庄）
各地新华书店、建筑书店经销
北京红光制版公司制版
廊坊市海涛印刷有限公司印刷

*

开本：787×1092 毫米　1/16　印张：10　字数：250 千字
2009 年 11 月第一版　2017 年 9 月第六次印刷
定价：22.00 元
ISBN 978-7-112-11524-2
（18769）

前　　言

本教材是根据教育部、财政部关于实施国家示范性高等职业院校建设计划，加快高等职业教育改革发展的文件精神，在黑龙江省政府的大力支持下，结合建设行业企业的实际需求，按照示范性高等职业院校建设的要求，结合重点专业建设，深度融合课程内容，开发建设的优质核心课程教材。

"建筑工程质量检验与材料检测"作为建筑工程技术专业核心课程之一，其教材应突出职业工作的特点，注重体现工学结合，充分发挥优质核心课程的示范作用。本书以任务为载体，适合采用行动导向的教学方法组织教学，注重职业岗位能力的培养，能够满足高等职业教育建筑工程技术专业人才培养的要求。

全书共分七个单元，由黑龙江建筑职业技术学院王作成、周仲景主编，周仲景、李晓彤编写单元1、2，王作成编写单元3、4、6、7，信思源编写单元5，全书由王作成统稿。在编写过程中得到黑龙江建筑职业技术学院建筑工程技术学院领导的大力支持，也参考了许多同行的著作，在此表示衷心感谢。

黑龙江省建材工业规划设计研究院高级工程师王柏玉担任本书的主审，他对本书提出许多宝贵意见，在此编者表示衷心感谢。

由于编者的水平有限和编写时间的仓促，书中不足之处在所难免，敬请广大读者批评指正。

目　　录

单元 1 原 材 料 检 测

建筑材料及其制品是构成建筑本身的基础，建筑材料质量如果不合格，建筑工程质量很难达到标准要求。建筑材料的技术性能影响材料的选用，形成这些性质的内在原因和这些性质之间的相互关系又影响着材料的使用。为了使建筑工程安全、适用、耐久、经济，在工程施工过程中必须充分地了解和掌握各种原材料的性质和特点，以便正确、合理地选择和使用材料。

任务 1 水泥进场复试

【引导问题】

1. 建筑工地所使用的建筑材料在进场过程中应履行哪些程序？

2. 如何判断进场材料是否合格？

3. 建筑工地常用的建筑材料有哪几种？

【工作任务】

通过检测水泥的细度、凝结时间、安定性、强度，评定水泥的质量，确定其能否用于工程中。

【学习参考资料】

1. 建筑工程材料

2.《水泥细度检验方法筛析法》GB 1345—2005

3.《水泥标准稠度用水量、凝结时间、安全性检验方法》GB/T 1346—2001

4.《水泥胶砂强度检验方法》GB/T 17671—1999

5.《通用硅酸盐水泥》GB 175—2007

6. 建筑材料手册

一、相关知识

1. 细度

细度是指水泥颗粒的粗细程度。水泥的细度不仅影响水泥的水化速度、强度，而且影响水泥的生产成本。通常情况下对强度起决定作用的水泥颗粒尺寸小于 $40\mu m$，水泥颗粒太粗，强度低，水泥颗粒太细磨耗增高，生产成本上升。一般细度用比表面积表示。

比表面积是指单位质量的物料所具有的表面积，单位是“m^2/kg”。通常用透气法比表面积仪测定水泥的比表面积。《通用硅酸盐水泥》GB 175—2007 中规定硅酸盐水泥比表面积大于 $300m^2/kg$。

水泥颗粒细度越细，其与水接触表面积越大，会使反应速度加快，从而加快了凝结硬化速度。

2. 标准稠度用水量

水泥净浆标准稠度是指为测定水泥的凝结时间、体积安定性等性能，使其具有准确的可比性，水泥净浆以标准方法测试所达到统一规定的浆体可塑性程度。具体的讲就是用维卡仪测定试杆沉入净浆并距底板（6±1）mm 时的水泥净浆的稠度（标准法）。或在水泥标准稠度测定仪上，试锥下沉（28±2）mm 时的水泥净浆的稠度（代用法）

水泥标准稠度用水量是指拌制水泥净浆时为达到标准稠度所需的加水量。它是水泥技术性质检验的一个准备性指标。水泥的细度及矿物组成是影响标准稠度用水量的两个主要因素。

3. 凝结时间

初凝时间是指自水泥加水时起至水泥浆开始失去可塑性和流动性所需的时间。

终凝时间是指水泥自加水时起至水泥浆完全失去可塑性、开始产生强度所需的时间。

水泥的凝结时间直接影响建筑施工。凝结时间太快，不利于正常施工，因为混凝土的搅拌、输送、浇筑等都需要足够的时间，所以要求水泥的初凝时间不能太短，而终凝时间又不能太长，否则影响施工进度。

4. 安定性

安定性是指水泥浆体在凝结硬化过程中体积变化的稳定性，也叫做体积安定性。

5. 强度

水泥强度是指水泥胶砂试件单位面积上所能承受的破坏荷载。

强度是水泥重要的力学性能指标，是划分水泥强度等级的依据，影响强度的因素有水泥熟料的矿物组成，混合材的品种、数量及水泥的细度等。国标中规定水泥的强度采用水泥、水及标准砂制成的试体在规定养护龄期内的抗折及抗压强度。表 1-1 为《通用硅酸盐水泥》GB 175—2007 中规定的硅酸盐水泥各龄期的强度值，通过胶砂强度试验测得的水泥各龄期的强度值均不得低于表 1-1 中相对应的强度等级所要求的数值。

硅酸盐水泥各龄期的强度值（单位：MPa）　　　　　　　　表 1-1

品　　种	强度等级	抗压强度		抗折强度	
		3 天	28 天	3 天	28 天
硅酸盐水泥	42.5	≥17.0	≥42.5	≥3.5	≥6.5
	42.5R	≥22.0	≥42.5	≥4.0	≥6.5
	52.5	≥23.0	≥52.5	≥4.0	≥7.0
	52.5R	≥27.0	≥52.5	≥5.0	≥7.0
	62.5	≥28.0	≥62.5	≥5.0	≥8.0
	62.5R	≥32.0	≥62.5	≥5.5	≥8.0

6. 验收

建筑工程在施工单位自行质量检查评定的基础上，参与建设活动的有关单位共同对检验批、分项、分部、单位工程的质量进行抽样复验，根据相关标准以书面形式对工程质量达到合格与否做出确认。

7. 进场验收

对进入施工现场的材料、构配件、设备等按相关标准规定要求进行检验，对产品达到合格与否做出确认。

8. **检验批**

按同一生产条件或按规定的方式汇总起来供检验用的，由一定数量样本组成的检验体。

9. 检验

对检验项目中的性能进行量测、检查、试验等，并将结果与标准规定要求进行比较，以确定每项性能是否合格所进行的活动。

10. **常用水泥的必试项目**

下列情况下水泥必须进行胶砂强度、安定性和凝结时间的复试，并提供试验报告：

（1）用于承重结构的水泥；

（2）用于使用部位有强度等级要求的水泥；

（3）水泥出厂超过三个月（快硬硅酸盐水泥出厂超过一个月）；

（4）进口水泥。

11. **试样取样方法**

对已进入现场的水泥，视存放情况，应抽取试样复检其强度、安定性和凝结时间。水泥取样应按下述规定进行：

散装水泥：按照规定的组批原则，随机地从不少于 3 个车罐中采集等量水泥，经混拌均匀后，再从中称取不少于 12kg 水泥作为检验试样。

袋装水泥：按照规定的组批原则，随机地从不少于 20 袋中各采集等量水泥，经混拌均匀后，再从中称取不少于 12kg 水泥作为检验试样。

12. **常用水泥的组批原则**

（1）散装水泥：对同一水泥厂生产的同期出厂的同品种、同强度等级的水泥，以一次进场的同一出厂编号的水泥为一批，但一批的总量不得超过 500t。

（2）袋装水泥：对同一水泥厂生产的同期出厂的同品种、同强度等级的水泥，以一次进场的同一出厂编号的水泥为一批，但一批的总量不得超过 200t。

（3）存放期超过 3 个月的水泥，使用前必须按批量重新取样进行复检，并按复检结果使用。

（4）建筑施工企业可按单位工程取样，但同一工程的不同单体工程共用水泥库时可以实施联合取样。

（5）构件厂、搅拌站应在水泥进厂（站）时取样，并根据贮存、使用情况定期复检。

13. **检测前的准备及注意事项**

(1) 水泥试样应存放在密封干燥的容器内（一般使用铁桶或塑料桶），并在容器上注明生产厂名称、品种、强度等级、出厂日期、送检日期等；

(2) 检测前应将试样混合均匀并通过 0.9mm 方孔筛，记录试样筛余百分数；

(3) 试验室温度为 (20±2)℃，相对湿度应不低于 50%，湿气养护箱的温度为(20±1)℃，相对湿度不低于 90%；

(4) 检测前，一切检测用材料（水泥、标准砂、水等）均应与试验室温度相同，即达到 (20±2)℃，试验室温度应每日早、中、晚检查记录；

(5) 检测用水必须是洁净的饮用水，如有争议时应以蒸馏水为准。

二、细度检测

通过筛析法测定水泥的细度，为判定水泥质量提供依据。

采用 45μm 方孔筛和 80μm 方孔筛对水泥试样进行筛析试验，用筛上筛余物的质量百分数来表示水泥样品的细度。

1. 主要仪器

试验筛（图 1-1、图 1-2）。

图 1-1 负压筛　　　　　　　　图 1-2 水筛

2. 检测方法

（1）负压筛析法

1）筛析试验前，应把负压筛放在筛座上，盖上筛盖，接通电源，检查控制系统，调节负压到 4000～6000Pa 范围内；

2）称取试样 25g，置于洁净的负压筛中，盖上筛盖，放在筛座上，开动筛析仪连续筛析 2min，在此期间如有试样附着在筛盖上，可轻轻敲击，使试样落下；

3）筛毕，用天平称取筛余物的质量；当工作负压小于 4000Pa 时，应清理吸尘器内水泥，使负压恢复正常。

（2）水筛法

1）筛析试验前，调整好水压及水筛架的位置，使其能正常运转，喷头底面和筛网之间距离为 35～75mm；

2）称取试样 50g，置于洁净的水筛中，立即用淡水冲洗至大部分细粉通过

4

后，放在水筛架上，用水压为（0.05±0.02）MPa 的喷头连续冲洗 3min；

3）筛毕，用少量水把筛余物冲至蒸发皿中，等水泥颗粒全部沉淀后，小心倒出清水，烘干并用天平称量筛余物，精确至 0.01g；

4）筛子应保持清洁，定期检查校正，喷头应防止孔眼堵塞，常用的筛子可浸于净水中保存，一般在使用 20～30 次后，须用 0.3～0.5N 的乙酸或食醋进行清洗。

（3）手工干筛法

1）在没有负压筛析仪和水筛的情况下，允许用手工干筛法测定：称取水泥试样 50g，倒入符合《水泥物理检验仪器标准筛》GB 3350.7—1982 要求的干筛内，用一只手执筛往复摇动，另一只手轻轻拍打，拍打速度为每分钟约 120 次，每 40次向同一方向转动 60°，使试样均匀分布在筛网上，直至每分钟通过的试样不超过 0.05g 为止；

2）称量筛余物，称量精确至 0.1g，试验筛必须经常保持清洁，筛孔通畅，如其筛孔被水泥堵塞影响筛余量时，可用弱酸浸泡，用毛刷轻轻刷洗，用淡水冲净、晾干。

3. 结果评定

（1）水泥试样筛余百分数按下式计算（结果精确至 0.1%）

$$F = R_t / W \times 100\%$$

式中　F——水泥试样的筛余百分数；

　　　R_t——水泥筛余物的质量，g；

　　　W——水泥试样的质量，g。

（2）筛余结果修正，为使试验结果可比，应采用试验筛修正系数方法修正上述计算结果，修正系数的确定按《水泥细度检验方法筛析法》GB 1345—2005 中附录 A 进行。

（3）负压筛法与水压筛法或手工干筛法测定的结果发生争议时，以负压筛法为准。

三、标准稠度用水量检测（标准法）

水泥的标准稠度用水量，是指水泥净浆达到标准稠度的用水量，以水占水泥质量的百分数表示。通过试验测定水泥的标准稠度用水量，拌制标准稠度的水泥净浆，为测定水泥的凝结时间和安定性提供依据。

水泥净浆对标准试杆的下沉具有一定的阻力。不同含水量的水泥净浆对试杆的阻力不同，通过试验确定达到水泥标准稠度时所需加入的水量。

1. 主要仪器

（1）水泥净浆搅拌机（图 1-3）：符合《水泥净浆搅拌机》JC/T 729—2005 的要求。

（2）标准法维卡仪（图 1-4）：标准稠度测定用试杆有效长度为（50±1）mm，由直径为 $\phi 10mm \pm 0.05mm$ 的圆柱形耐腐蚀金属制成，滑动部分的总质量为（300±1）g，与试杆、试针联结的滑动杆表面应光滑，能靠重力自由下落，不得有紧涩和摇动现象。

图 1-3　水泥净浆搅拌机

图 1-4　标准法维卡仪

盛装水泥净浆的试模应由耐腐蚀的、有足够硬度的金属制成。试模为深 (40±0.2)mm、顶内径 ϕ65mm±0.2mm、底内径 ϕ75mm±0.5mm 的截顶圆锥体。每只试模应配备一个大于试模、厚度≥2.5mm 的平板玻璃底板。

（3）量水器：最小刻度 0.1mL，精度 1%。

（4）天平：最大称量不小于 1000g，分度值不大于 1g。

2. 检测方法

（1）标准稠度用水量可用调整水量和不变水量两种方法中任一种测定，如发生矛盾，以前者为准；

（2）试验前必须做到维卡仪的金属棒能自由滑动，调整至试杆接触玻璃板时指针应对准零点，净浆搅拌机能正常运行；

（3）用净浆搅拌机搅拌水泥净浆。搅拌锅和搅拌叶片先用湿布擦过，将拌合水倒入搅拌锅内，然后在 5～10s 内小心将称好的 500g 水泥加入水中，防止水泥和水溅出，拌合时，先将锅放在搅拌机的锅座上，升至搅拌位置，启动搅拌机，低速搅拌 120s，停 15s，同时将叶片和锅壁上的水泥浆刮入锅中间，接着高速搅拌 120s 后停机；

（4）拌合结束后，立即将拌制好的水泥净浆装入已置于玻璃底板上的试模中，用小刀插捣，轻轻振动数次，刮去多余的水泥净浆；抹平后迅速将试模和底板移到维卡仪上，并将其中心定在试杆下，降低试杆直至与水泥净浆表面接触，拧紧螺旋 1～2s 后，突然放松，使试杆垂直自由地沉入水泥净浆中，在试杆停止沉入或释放试杆 30s 时记录试杆距底板之间的距离，升起试杆后，立即擦净；整个操作应在搅拌后 1.5min 内完成。

3. 结果评定

以试杆沉入净浆距底板（6±1）mm 的水泥净浆为标准稠度净浆，其拌合水量为该水泥的标准稠度用水量，按水泥质量的百分比计。如测试结果不能达到标准稠度，应增减用水量，并重复以上步骤，直至达到标准稠度为止。

四、凝结时间检测

水泥的凝结时间是重要的技术性质之一。通过试验测定水泥的凝结时间，评定水泥的质量，确定其能否用于工程中。

通过试针沉入标准稠度净浆一定深度所需的时间来表示水泥初凝和终凝时间。

1. 主要仪器设备

（1）水泥净浆搅拌机（图 1-3）：符合《水泥净浆搅拌机》JC/T 729 的要求。

（2）标准法维卡仪（图 1-4）：测定凝结时间时取下试杆，用试针代替试杆。试针由钢制成，其有效长度初凝针为（50±1）mm、终凝针为（30±1）mm、直径 $\phi1.13mm\pm0.05mm$ 的圆柱体。滑动部分的总质量为（300±1）g。与试杆、试针联结的滑动杆表面应光滑，能靠重力自由下落，不得有紧涩和摇动现象。

（3）盛装水泥净浆的试模：其要求见标准稠度用水量内容。

（4）量水器：最小刻度 0.1mL、精度 1‰。

（5）天平：最大称量不小于 1000g，分度值不大于 1g。

2. 试件制备

以标准稠度用水量按标准稠度用水量步骤的方法制成标准稠度的净浆一次装满试模，振动数次刮平，立即放入湿气养护箱中。记录水泥全部加入水中的时间作为凝结时间的起始时间。

3. 检测方法

（1）调整凝结时间：测定仪的试针接触玻璃板时，指针对准零点。

（2）初凝时间测定：试模在湿气养护箱中养护至加水后 30min 时进行第一次测定。测定时，从湿气养护箱中取出试模放到试针下，降低试针使之与水泥净浆表面接触。拧紧螺旋 1～2s 后，突然放松，试针垂直自由地沉入水泥净浆。观察试针停止下沉或释放试针 30s 时指针的读数。当试针沉至距底板（4±1）mm 时，为水泥达到初凝状态；由水泥全部加入水中至初凝状态的时间为水泥的初凝时间，用"min"表示。

（3）终凝时间的测定：为了准确观测试针沉入的状况，在试针上安装了一个环形附件。在完成初凝时间测定后，立即将试模连同浆体以平移的方式从玻璃板取下，翻转 180°，直径大端向上，小端向下放在玻璃板上，再放入湿气养护箱中继续养护，临近终凝时间时，每隔 15min 测定一次，当试针沉入试体 0.5mm 时，即环形附件开始不能在试体上留下痕迹时，为水泥达到终凝状态，由水泥全部加入水中至终凝状态的时间为水泥的终凝时间，用"min"表示。

4. 注意

在最初测定的操作时应轻轻扶持金属柱，使其徐徐下降，以防试针撞弯，但结果以自由下落为准；在整个测试过程中试针沉入的位置至少要距试模内壁 10mm。临近初凝时，每隔 5min 测定一次，临近终凝时，每隔 15min 测定一次，到达初凝或终凝时应立即重复测一次，当两次结论相同时才能定为到达初凝或终凝状态。每次测定不能让试针落入原针孔，每次测试完毕须将试针擦净并将试模放回湿气养护箱内，整个测试过程要防止试模受振。

五、安定性检测

水泥体积安定性是重要的技术性质之一。通过试验测定水泥的体积安定性，评定水泥的质量，确定其能否用于工程中。

雷氏法：通过测定沸煮后两个试针的相对位移来衡量标准稠度水泥试件的膨胀程度，以此评定水泥浆硬化后体积变化是否均匀。

试饼法：观测沸煮后标准稠度水泥试饼外形的变化程度，评定水泥浆硬化后体积是否均匀变化。

1. 主要仪器设备

（1）水泥净浆搅拌机（图 1-3）：符合《水泥物理检验仪器水泥净浆搅拌机》GB 3350.8—1989 的要求。

（2）沸煮箱（图 1-5）：有效容积为 410mm×240mm×310mm，箅板结构应不影响试验结果，箅板与加热器之间的距离大于 50mm。箱的内层由不易锈蚀的金属材料制成，能在（30±5）min 内将箱内的试验用水由室温加热至沸腾并可保持沸腾状态 3h 以上，整个试验过程不需要补充水量。

（3）雷氏夹　由铜质材料制成，其结构见图 1-6。当一根指针的根部先悬挂在一根金属丝或尼龙丝上，另一根指针的根部再挂上 300g 质量的砝码时，两根针尖距离增加应在（17.5±2.5）mm 范围以内，即 $2x=$（17.5±2.5）mm,；当去掉砝码后针尖的距离能恢复至挂砝码前的状态。每个雷氏夹需配备质量约 75～85g 的玻璃板两块。

（4）雷氏夹膨胀值测定仪（图 1-7）：标尺最小刻度为 1mm。

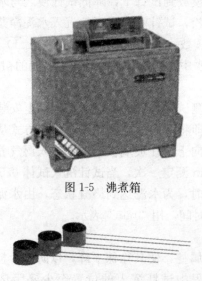

图 1-5　沸煮箱

图 1-6　雷氏夹

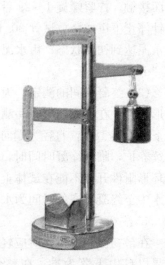

图 1-7　雷氏夹膨胀值测定仪

（5）其他设备　量水器（最小刻度为 0.1mL，精度 1%）、天平（感量 1g）、湿气养护箱（温度（20±3）℃，相对湿度大于 30%）等。

2. 试样制备

水泥标准稠度净浆的制备，以标准稠度用水量加水，按标准稠度测定方法制成标准稠度的水泥净浆。

试饼的成型，将制好的净浆取出一部分分成两等份，使之呈球形，放在预先准备好的玻璃板上，轻轻振动玻璃板并用湿布擦过的小刀由边缘向中央抹动，做成直径 70～80mm、中心厚约 10mm、边缘渐薄、表面光滑的试饼，接着将试饼放入湿气养护箱内养护（24±2）h。

雷氏夹试件成型，将预先准备好的雷氏夹放在已经擦油的玻璃板上，装模时一只手轻轻扶持试模，另一只手用宽约 10mm 的小刀插捣 15 次左右，然后抹后，盖上稍涂油的玻璃板，接着立刻将试模移至湿气养护箱内养护（24±2）h。

3. 检测方法

（1）安定性的测定，可以采用试饼法和雷氏法，雷氏法为标准法，试饼法为代用法。雷氏法是测定水泥净浆在雷氏夹中沸煮后的膨胀值。试饼法是观察水泥净浆试件沸煮后的外形变化来检验水泥的体积安定性。当两种方法发生争议时，以雷氏法测定结果为准。

（2）调整好沸煮箱内水位，使水能保证在整个沸煮过程中都超过试件，不需中途添补试验用水，同时又能保证在（30±5）min 内升至沸腾。

（3）当用雷氏法测量时，先测量试件指针尖端间的距离 A，精确至 0.5mm。接着将试件放入水中箅板上，指针朝上，试件之间互不交叉，然后在（30±5）min 内加热至沸，并恒沸(180±5)min。

（4）当采用试饼法时，应先检查试饼是否完整，如已开裂翘曲，要检查原因，确证无外因时，该试饼已属不合格不必沸煮。在试饼无缺陷的情况下，将试饼放在沸煮箱的水中箅板上，然后在（30±5）min 内加热至沸，并恒沸（180±5）min。

4. 结果评定

沸煮结束，即放掉箱中的热水，打开箱盖，等箱体冷却至室温，取出试件进行判定。

（1）试饼法　目测试饼未发现裂缝，用钢直尺检查也没有弯曲，则为安定性合格，反之为不合格。当两个试饼的判定结果有矛盾时，该水泥的安定性为不合格。

（2）雷氏夹法　测量试件针尖端之间的距离 C，记录至小数点后一位，准确至 0.5mm。当两个试件煮后增加距离（C-A）的平均值不大于 5.0mm 时，即认为该水泥的体积安定性合格；当两个试件的（C-A）值相差超过 4.0mm 时，应用同一样品立即重做一次试验。再如此，则认为该水泥为安定性不合格。

六、胶砂强度检测

通过试验测定水泥的胶砂强度，评定水泥的强度等级或判定水泥的质量。通过测定标准方法制作的胶砂试块的抗压破坏荷载及抗折破坏荷载，确定其抗压强度、抗折强度。

1. 主要仪器设备

（1）试验筛　金属丝网试验筛应符合《金属丝编织网试验筛》GB/T 6003.1—1997 要求，其筛孔尺寸见表 1-2。

试　验　筛 表 1-2

系　列	网眼尺寸/mm	系　列	网眼尺寸/mm
R20	2.0	R20	0.5
	1.6		0.16
	1.0		0.08

（2）胶砂搅拌机　行星式，应符合《行星式水泥胶砂搅拌机》JC/T 681—2005 要求，见图 1-8，用多台搅拌机工作时，搅拌锅与搅拌叶片应保持配对使用。叶片与锅之间的间隙，是指叶片与锅壁最近的距离，应每月检查一次。

（3）试模　由三个水平的模槽组成，见图 1-9。可同时成型三条截面为 40mm ×40mm，长 160mm 的菱形试体，其材质和制造尺寸应符合《水泥胶砂试模》JC/ T 726—2005 要求。成型操作时，应在试模上面加有一个壁高 20mm 的金属模套。为了控制料层厚度和刮平胶砂，应备有两个播料器和一个刮平直尺。

（4）振实台　振实台应符合《水泥胶砂试体成型振实台》JC/T 682—2005 要求。振实台应安装在高度约 400mm 的混凝土基座上。混凝土体积约为 0.25m³，重约 600kg。将仪器用地脚螺钉固定在基座上，安装后设备成水平状态，仪器底与基座之间要铺一层砂浆以保证它们完全接触，见图 1-10。

图 1-9　水泥胶砂试模

图 1-8　胶砂搅拌机

图 1-10　振实台

（5）抗折强度试验机　应符合《水泥胶砂电动抗折试验机》JC/T 724—2005 的要求。试件在夹具中的受力状态见图 1-11。

（6）抗压强度试验机　在较大的 4/5 量程范围内使用时记录的荷载应有 ±1% 精度，并具有按（2400±200）N/s 速率的加荷能力，见图 1-12。

（7）抗压强度试验机用夹具　需要使用夹具时，应把它放在压力试验机的上下压板之间并与试验机处于同一轴线，以便将试验机的荷载传递至胶砂试件的表面。夹具应符合《40mm×40mm 水泥抗压夹具》JC/T 683—2005 的要求，受压面积为 40mm×40mm。夹具要保持清洁，球座应能转动以使其上压板能从一开始就适应试体的形状并在试验中保持不变。

图 1-11　抗折强度试验机　　　　图 1-12　抗压强度试验机

2. 试件制备

（1）材料准备

1）中国 ISO 标准砂　应完全符合表 1-3 规定的颗粒分布和筛余量。可以单级分包装，也可以各级预混合以（1350±5）g 量的塑料袋混合包装，但所用塑料袋材料不得影响试验结果。

2）水泥　从取样至试验要保持 24h 以上时，应贮存在基本装满和气密的容器内，容器不得与水泥起反应。

ISO 标准砂颗粒分布　　　　　　　　　　　　　　　　表 1-3

方孔边长（mm）	累积筛余（％）	方孔边长（mm）	累积筛余（％）
2.0	0	0.5	67±5
1.6	7±5	0.16	87±5
1.0	33±5	0.08	99±1

3）水　一般检验可用饮用水，仲裁检验或其他重要检验用蒸馏水。

（2）胶砂的制备

1）配合比　胶砂的质量配合比应为水泥：标准砂：水＝1：3：0.5（水灰比为 0.50）。一锅胶砂成型三条试体，每锅材料需要量见表 1-4。

每锅胶砂的材料质量（g）　　　　　　　　　　　　　　表 1-4

材料 水泥品种	水泥	标准砂	水
硅酸盐水泥 普通硅酸盐水泥 矿渣硅酸盐水泥 粉煤灰硅酸盐水泥 复合硅酸盐水泥	450±2	1350±5	225±1

2）备料　水泥、标准砂、水应放置于试验室内，试验室温度应保持在（20±2）℃，相对湿度应不低于 50％。称量用天平的精度应为 ±1g。当用自动滴管加 225mL 水时，滴管精度应达到 ±1mL。

3）搅拌　每锅胶砂采用胶砂搅拌机进行机械搅拌。先将搅拌机处于待工作状态，然后按以下的程序进行操作：把水加入锅里，再加入水泥，把锅放在固定架上，上升至固定位置，然后立即开动机器，低速搅拌 30s 后，在第二个 30s 开始的同时均匀地将砂子加入。当各级砂是分装时，从最粗粒级开始，依次将所需的每级砂量加完。把机器转至高速再拌 30s，停拌 90s。在第一个 15s 内用一胶皮刮具将叶片和锅壁上的胶砂刮入锅中间，在高速下继续搅拌 60s。各个搅拌阶段，时间误差应在 ±1s 以内。

（3）试件制作

1）用振实台成型 胶砂制备后立即成型。将空试模和模套固定在振实台上，用一个适当勺子直接从搅拌锅里将胶砂分两层装入试模，装第一层时，每个槽里约放 300g 胶砂，用大播料器垂直架在模套顶部沿每个模槽来回一次将料层播平，接着振实 60 次。再装入第二层胶砂，用小播料器播平，再振实 60 次。移走模套，从振实台上取下试模，用一金属直尺以近似 90°的角度架在试模模顶的一端，然后沿试模长度方向以横向锯割动作慢慢向另一端移动，一次将试模部分的胶砂刮去，并用同一直尺以近似水平的情况下将试体表面抹平。在试模上作标记中加字标明试件编号和试件相对于振实台的位置。

2）用振动台成型 使用代用振动台时，在搅拌胶砂的同时将试模和下料斗卡紧在振动台的中心。将搅拌好的胶砂均匀地装入下料斗中，开动振动台，胶砂通过漏斗流入试模。振动（120±5）s 停车。振动完毕，取下试模，用刮尺以规定的刮平手法刮去高出试模的胶砂并抹平。接着在试模上作标记或用字条标明试件编号。

（4）试件养护

1）脱模前的处理和养护 去掉留在试模四周的胶砂。立即将作好标记的试模放入雾室或湿气养护箱的水平架子上养护，湿空气应能与试模各边接触，雾室或湿气养护箱温度应控制在（20±1）℃，相对湿度不低于 90%。养护时不应将试模放在其他试模上。一直养护到规定的脱模时间取出脱模。脱模前，用防水墨汁或颜料笔对试体进行编号和做其他标记。两个龄期以上的试体，在编号时应将同一试模中的三条试体分在两个以上的龄期内。

2）脱模 脱模时可用塑料锤或橡皮榔头或专门的脱模器。对于 24h 龄期的，应在破型试验前 20min 脱模。对于 24h 以上龄期的，应在成型后 20~24h 之间脱模。已确定作为 24h 龄期试验（或其他不下水直接做试验）的已脱模试体，应用湿布覆盖至做试验时为止。

3）水中养护 将做好标记的试件立即水平或竖直放在（20±1）℃水中养护，水平放置时刮平面应朝上。试件放在不易腐烂的篦子上，并彼此间保持一定间距，以便让水与试件的六个面接触。养护期间试件之间间隔或试体上表面的水深不得小于 5mm。每个养护池只养护同类型的水泥试件，不允许在养护期间全部换水。除 24h 龄期或延迟至 48h 脱模的试体外，任何到龄期的试体应在试验（破型）前 15min 从水中取出。揩去试体表面沉积物，并用湿布覆盖至试验为止。

4）强度试验试体的龄期 试体龄期从水泥加水开始算起。不同龄期强度试验在下列时间里进行：24h±15min；48h±30min；72h±45min；7d±2h；>28d±8h。

3. 检测方法

用抗折强度试验机以中心加荷法测定抗折强度。在折断后的棱柱体上进行抗压试验，受压面是试体成型时的两个侧面，面积为 40mm×40mm。当不需要抗折强度数值时，抗折强度试验可以省去，但抗压强度试验应在不使试件受有害应力情况下折成的两截棱柱体上进行。

（1）抗折强度测定

将试体一个侧面放在试验机支撑圆柱上，试体长轴垂直于支撑圆柱，通过加荷圆柱以（50±10）N/s 的速率均匀地将荷载垂直地加在棱柱体相对侧面上，直至折断，分别记下三个试件的抗折破坏荷载 F。保持两个半截棱柱体处于潮湿状态直至抗压试验。

（2）抗压强度测定

抗压强度在试件的侧面进行。半截棱柱体试件中心与压力机压板受压中心差应在 ±0.5mm 内，棱柱体露在压板外的部分约有 10mm。在整个加荷过程中以（2400±200）N/s 的速率均匀地加荷直到破坏，分别记下抗压破坏荷载 F。

4. 结果评定

（1）抗折强度

1）每个试件的抗折强度 $f_{ce,m}$ 按下式计算（精确至 0.1MPa）

$$f_{ce,m} = 3FL/2b^3 = 0.00234F$$

式中　F——折断时施加于棱柱体中部的荷载，N；

　　　L——支撑圆柱体之间的距离，mm，$L=100mm$；

　　　b——棱柱体截面正方形的边长，mm，$b=40mm$。

2）以一组三个棱柱体抗折结果的平均值作为试验结果。当三个强度值中有一个超出平均值 ±10% 时，应重做试验。试验结果，精确至 0.1MPa。

（2）抗压强度

1）每个试件的抗压强度 $f_{ce,c}$ 按下式计算（MPa，精确至 0.1MPa）

$$f_{ce,c} = F/A = 0.000625F$$

式中　F——试件最大破坏荷载，N；

　　　A——抗压部分面积，mm²（40mm×40mm=1600mm²）。

2）以一组三个棱柱体上得到的六个抗压强度测定值的算术平均值作为试验结果。如六个测定值中有一个超出六个平均值的 ±10% 的，则此组结果作废。试验结果精确至 0.1MPa。

七、标准稠度代用法

标准稠度用水量是水泥净浆以标准方法测试而达到统一规定的浆体可塑性所需加的用水量，而水泥的凝结时间和安定性都和用水量有关，因此测试可消除试验条件的差异，有利于比较，同时为凝结时间和安定性试验做好准备。

1. 主要仪器设备

标准稠度与凝结时间测定仪、装净浆用锥模、净浆搅拌机等。

2. 试验方法与步骤

标准稠度用水量可用调整用水量和固定用水量中的任一方法测定。

（1）调整用水量法

1）测定前检查仪器，仪器的金属棒应能自由滑动。试锥降至锥模顶面时，指针应对准标尺的零点，搅拌机应能正常运转。

2）将搅拌锅固定在搅拌机锅座上，并升到搅拌位置，开动搅拌机，先加拌合水，然后在 5～10s 内小心将 500g 水泥加入水中，慢速搅拌 120s，停拌 15s，接着快速搅拌 120s 后停机。

3）拌合完毕，立即将净浆一次装入锥模内，用小刀插捣，振动数次，刮去多余的净浆，抹平后迅速放到试锥下的固定位置上。将试锥降至净浆的表面，拧紧螺钉，然后突然放松（即拧开螺钉），让试锥自由沉入净浆中，到试锥停止下沉时记录试锥下沉时记录试锥下沉的深度 S（mm）。整个操作应在搅拌后 90s 内完成。

（2）固定用水量法

水泥用量为 500g，拌合用水量为固定值 142.5ml。测定步骤与调整用水量法相同。

3. 检测结果确定

（1）调整用水量法

试锥下沉深度为（28±2）mm 时的拌合用水量为水泥的标准稠度用水量 P，以水泥质量的百分数计，按下式计算：

$$P = (W/500) \times 100\%$$

式中　W——拌合用水量（ml）。

如试锥下沉的深度超出上述范围，须重新称取试样，调整拌合用水量，重新试验，直到达到（28±2）mm 时为止。

（2）固定用水量法

当测得的试锥下沉深度为 S（mm）时，可按下式计算（或由标尺读出）标准稠度用水量 P：

$$P = 33.4 - 0.185S$$

当试锥下沉深度 S 小于 13mm 时，不得使用固定用水量法，而应采用调整用水量法。如调整用水量法与固定用水量法测定值有差异时，以调整用水量法为准。

复习思考题

1. 如何测定水泥的凝结时间？

2. 水泥安定性试饼法检验的操作细节有哪些？

完成任务要求

1. 完成水泥性质的检测。

2. 查阅相关资料，完成五个不同水泥的选用案例。

任务2 砂石检测

【引导问题】

1. 混凝土中的主要组成材料有哪几种？

2. 如何判断进场砂石材料是否合格？

3. 建筑物施工过程中所使用的砂石和天然砂石有何区别？

【工作任务】

通过砂石的筛分析检测、表观密度检测和堆积密度检测，评定砂石的质量，确定其是否合格。

【学习参考资料】

1. 建筑工程材料

2. 《建筑用砂》GB/T 14684—2001

3. 《混凝土结构工程施工质量验收规范》GB 50204—2002

4. 《建筑用卵石、碎石》GB/T 14685—2001

5. 《普通混凝土用砂、石质量及检验方法标准》JGJ 52—2006

6. 建筑材料手册

一、相关知识

1. 细骨料（砂）

砂是混凝土中的细骨料，主要指粒径小于 4.75mm 的岩石颗粒，而粒径大于 4.75mm 的颗粒称为粗骨料。通常粗、细集料的总体积占混凝土体积的 70%～80%，所以，骨料质量的好坏对混凝土的性能影响很大。

按砂的生成过程，可将砂分为天然砂和人工砂。

砂的粗细程度是指不同粒径的砂粒混合在一起后的平均粗细程度。通常有粗砂、中砂、细砂和特细砂之分。在相同质量条件下，细砂的总表面积较大，而粗砂的总表面积较小。砂的总表面积愈大，则在混凝土中需要包裹砂粒表面的水泥浆就愈多。当混凝土拌合物的流动性要求一定时，用粗砂拌制的混凝土比用细砂要节省水泥浆的用量，但是如果砂过粗，虽然能少用水泥，但拌出的拌合物粘聚性较差，容易分层离析，所以用来拌制混凝土的砂不宜过粗或过细。

2. 砂的颗粒级配

砂的颗粒级配是指大小不同的砂粒所占的重量百分含量。在混凝土中砂粒之间的空隙是由水泥浆所填充，为达到节约水泥和提高强度的目的，就应尽量减小砂粒之间的空隙。

3. 粗骨料（碎石或卵石）

普通混凝土常用的粗骨料有碎石和卵石两种，其共同特点是粒径大于 4.75mm。碎石大多是由天然岩石经破碎、筛分而成的颗粒，其粒径大于 4.75mm 且多棱角，通常其表面粗糙和洁净，它与水泥浆粘结性较好；卵石又称砾石，它是由天然岩石经自然风化，水流搬运和分选、堆积形成的粒径大于 4.75mm 的颗粒。

石子的颗粒级配，是指石子各级粒径大小颗粒分布情况。石子的级配有两种类型，即连续级配与间断级配。

4. 表观密度

骨料颗粒单位体积（包括内封闭闭孔隙）的质量。

5. 堆积密度

骨料在自然堆积状态下，单位体积的质量。

二、筛分析检测

（一）砂的筛分析

测定砂子的颗粒级配并计算细度，为混凝土配合比设计提供依据。

1. 主要仪器设备

标准筛（公称直径分别为 10.00mm、5.00mm、2.50mm、1.25mm、$630\mu m$、$315\mu m$、$160\mu m$）、天平、烘箱、摇筛机、浅盘、毛刷等。

2. 检测方法

（1）按规定取样，并将试样缩分至 1100g，放在烘箱中于（105±5）℃下烘干至恒重，等冷却至室温筛除大于 10.00mm 的颗粒（并算出其筛余百分率），分为大致相等的两份备用。

（2）取试样 500g，精确到 1g。将试样倒入按孔径大小从上到下组合的套筛（附筛底）上。然后进行筛分。

（3）将套筛置于摇筛机上，摇 10min（也可用手筛）。取下套筛，按筛孔大小顺序再逐个用手筛，筛至每分钟通过量小至试样总量0.1％为止。通过的试样放入下一号筛中，并和下一号筛中的试样一起过筛，按顺序进行，直至各号筛全部筛完为止。

（4）称出各号筛的筛余量，精确至 1g，试样在各号筛上的筛余量不得超过按下式计算出的量，超过时应按下列方法之一处理：

$$m_\tau = \frac{A\sqrt{d}}{300}$$

式中　m_τ——某一筛上的剩留量（g）

　　　d——筛孔边长（mm）；

　　　A——筛的面积（mm²）。

（5）将该粒级试样分成少于按上式计算出的量，分别筛分，并以筛余量之和作为该号筛的筛余量。

（6）将该粒级及以下各粒级的筛余混合均匀、称出其质量，精确至 1g。再用四分法缩分为大致相等的两份，取其中一份，称出其质量，精确至 1g，再继续筛分。计算该粒级及以下各粒级的分计筛余量时，应根据缩分比例进行修正。

3. 结果确定

（1）分计筛余百分率：各号筛的筛余量与试样总量之比，计算精确至 0.1％。

（2）累计筛余百分率：该号筛的分计筛余百分率加上该号筛以上各分计筛余

百分率之和，精确至0.1%。筛分后，如每号筛的筛余量与筛底的剩余量之和同原试样质量之差超过1%时，须重新试验。

4. 试验结果鉴定

(1) 级配的鉴定：用各筛号的累计筛余百分率绘制级配曲线，对照国家规范规定的级配区范围，判定其是否都处于某一级配区内。

(注：除5.00mm和0.63mm筛孔外，其他各筛的累计筛余百分率允许略有超出，但超出总量不应大于5%)。

(2) 粗细程度鉴定：砂的粗细程度用细度模数的大小来判定。细度模数按下式计算（精确到0.1）：

$$\mu_f = \frac{(\beta_2 + \beta_3 + \beta_4 + \beta_5 + \beta_6) - 5\beta_1}{100 - \beta_1}$$

式中 β_1、β_2、β_3、β_4、β_5、β_6——分别为5.00mm、2.50mm、1.25mm、630μm、315μm、160μm筛上的累计筛余百分率。

根据细度模数的大小，可确定砂的粗细程度。

(3) 筛分试验应采用两个试样平行进行，取两次结果的算术平均值作为测定结果精确至0.1；如两次所得的细度模数之差大于0.2，应重新进行试验。

(二) 碎石或卵石的筛分析

测定粗骨料的颗粒级配及粒级规格，以便于选择优质粗骨料，达到节约水泥和提高混凝土强度的目的，同时为使用骨料和混凝土配合比设计提供依据。

1. 主要仪器设备

方孔筛筛孔公称直径为100.0、80.0、63.0、50.0、40.0、31.5、25.0、20.0、16.0、10.0、5.00和2.50mm各一只)、托盘、台秤、烘箱、容器、浅盘等。

2. 试样制备

从取回的试样中用四分法缩取不少于表1-5规定的试样数量，经烘干或风干后备用（所余试样做表观密度、堆积密度试验）。

粗骨料筛分试验取样数量　　　　　　　　表1-5

最大粒径（mm）	10.0	16.0	20.0	25.0	31.5	40.0	63.0	80.0
试样质量（kg）≥	2.0	3.2	4.0	5.0	6.3	8.0	12.6	16.0

3. 检测方法

(1) 按表1-5规定称取试样。

(2) 按试样的粒径选用一套筛，按孔径由大到小顺序叠置于干净、平整的地面或铁盘上，然后将试样倒入上层筛中，将套筛置于摇筛机上，摇10min。

(3) 按孔径由大到小顺序取下各筛，分别于洁净的铁盘上摇筛，直至每分钟通过量不超过试样总量的0.1%为止，通过的颗粒并入下一筛中。顺序进行，直到各号筛全部筛完为止。当试样粒径大于20.0mm，筛分时，允许用手拨动试样颗粒，使其通过筛孔。

(4) 称取各筛上的筛余量，精确至1g。在筛上的所有分计筛余量和筛底剩余的总和与筛分前测定的试样总量相比，相差不得超过 1%，否则，须重做试验。

4. 试验结果确定

(1) 分计筛余百分率：各号筛上筛余量除以试样总质量的百分数（精确到 0.1%）。

(2) 累计筛余百分率：该号筛上分计筛余百分率与大于该号筛的各号筛上的分计筛余百分率之总和（精确至 1%）。

粗骨料各号筛上的累计筛余百分率应满足国家规范规定的粗骨料颗粒级配范围要求。

三、表观密度检测

测定材料在自然状态下，单位体积的质量，即表观密度。通过表观密度可以估计材料的强度、导热性、吸水性、保温隔热等性质，亦可用来计算材料的孔隙率、体积及结构自重等。

对于形状规则的材料，用游标卡尺测出试件尺寸，计算其自然状态下的体积；对于不规则材料，通过蜡封后测定其自然状态下的体积。用天平来称量材料质量，计算得出材料的表观密度。

1. 主要仪器

游标卡尺（精度 0.1mm）、天平（感量 0.1g）、液体静力天平、烘箱、干燥器等。

2. 检测方法

(1) 形状规则材料（如砖、石块、砌块等）

将欲测材料的试件放入 (105±5)℃的烘箱中烘干至恒质量，取出在干燥器内冷却至室温，称其质量 m（g）。

用游标卡尺量出试件的尺寸，并计算出自然状态下的体积 V_0（cm³）。

对于六面体试件，长、宽、高各方向上须测量三处，分别取其平均值 a、b、c，则：

$$V_0 = a \times b \times c$$

对于圆柱体试件，在圆柱体上、下两个平行切面上及腰部，按两个互相垂直的方向量其直径，求六次的平均值 d，再在互相垂直的两直径与圆周交界的四点上量其高度，求四次的平均值 h，则

$$V_0 = \frac{\pi d^2}{4} \times h$$

(2) 形状不规则材料（碎石或卵石-简易法）

将试样浸水饱和，然后装入广口瓶中。装试样时，广口瓶应倾斜放置，注入饮用水，用玻璃片覆盖瓶口，以上下左右摇晃的方法排除气泡；

气泡排尽后，向瓶中添加饮用水直至水面凸出瓶口边缘。然后用玻璃片沿瓶口迅速滑行，使其紧贴瓶口水面。擦干瓶外水分后，称取试样、水、瓶和玻璃片总质量（m_1）；

将瓶中的试样倒入浅盘中，放在 (105±5)℃的烘箱中烘干至恒重；取出，放

在带盖的容器中冷却至室温后称取质量（m_0）；

将瓶洗净，重新注入饮用水，用玻璃片紧贴瓶口水面，擦干瓶外水分后称取质量（m_2）；

注：试验时各项称重可以在 15～25℃的温度范围内进行，但从试样加水静置的最后 2h 起直至试验结束，其温度相差不应超过 2℃。

3. 结果计算

（1）形状规则材料（如砖、石块、砌块等）

1）表观密度 ρ_0 按下式计算，精确至 $10kg/m^3$ 或 $0.01g/cm^3$：

$$\rho_0 = \frac{m}{V_0}$$

式中　m——试件在干燥状态下的质量（g）；

　　　V_0——试件的表观体积（cm^3）。

2）试件结构均匀者，以三个试件结果的算术平均值作为试验结果，各次结果的误差不得超过 $20kg/m^3$ 或 $0.02g/cm^3$；如试件结构不均匀，应以五个试件结果的算术平均值作为试验结果，并注明最大、最小值。

（2）形状不规则材料（碎石或卵石-简易法）

1）表观密度 ρ_0 按下式计算，精确至 $10kg/m^3$ 或 $0.01g/cm^3$：

$$\rho_0 = \left(\frac{m_0}{m_0 - m_2 - m_1} - \alpha_\tau \right) \times 1000$$

式中　ρ_0——表观密度（kg/m^3）；

　　　m_0——试样烘干质量（g）；

　　　m_1——试样、水及容量瓶总质量（g）；

　　　m_2——水及容量瓶总质量（g）；

　　　α_τ——水温对砂的表观密度影响的修正系数。

2）试件结构均匀者，以三个试件结果的算术平均值作为试验结果，各次结果的误差不得超过 $20kg/m^3$ 或 $0.02g/cm^3$；如试件结构不均匀，应以五个试件结果的算术平均值作为试验结果，并注明最大、最小值。

四、堆积密度检测

测定粉状、粒状或纤维状材料在堆积状态下，单位体积的质量，即堆积密度。它可以用来估算散粒材料的堆积体积及质量，考虑运输工具，估计材料级配情况等。

将干燥材料按规定的方法装入容积已知的容量筒中，再用天平称出容量筒中材料的质量，计算得出材料的堆积密度。

1. 主要仪器

标准容器（容积已知）、天平（感量 0.1g）、烘箱、干燥器、漏斗、钢尺等。

2. 试样制备

将试样放在 105～110℃的烘箱中，烘干至恒质量，再放入干燥器中冷却至室温。

3. 检测方法

(1) 材料松散堆积密度的测定

称量标准容器的质量 m_1（kg）。将材料试样经过标准漏斗或标准斜面，徐徐地装入容器内，漏斗口或斜面底距容器口为 5cm，待容器顶上形成锥形，将多余的材料用钢尺沿容器口中心线向两个相反方向刮平（试验过程应防止触动容量筒），称得容器和材料总质量为 m_2（kg）。

(2) 材料紧密堆积密度的测定

称量标准容器的质量 m_1（kg）。取另一份试样，分两层装入标准容器内。装完一层后，在筒底垫放一根 $\phi10mm$ 钢筋，将筒按住，左右交替颠击地面各 25 下，再装第二层，把垫着的钢筋转 90°，同法颠击。加料至试样超出容器口，用钢尺沿容器口中心线向两个相反方向刮平，称得容器和材料总质量为 m_2（kg）。

4. 试验结果

松散堆积密度和紧密堆积密度 ρ_0' 均按下式计算，精确至 $10kg/m^3$：

$$\rho_0' = \frac{m_2 - m_1}{V_0'}$$

式中　　m_2——容器和试样总质量（kg）；

m_1——容器质量（kg）；

V_0'——容器的容积（m^3）。

以两次试验结果的算术平均值作为松散堆积密度和紧密堆积密度测定的结果。

复习思考题

1. 什么是砂子？其细度模数如何划分？
2. 试述砂、石的取样规则。

完成任务要求

1. 完成砂石材料性质的检测。
2. 查阅相关资料，完成砂石材料的选用。

任务3　钢筋进场复试

【引导问题】

1. 建筑物中梁、板、柱是由哪些材料组成的？
2. 建筑施工中使用较多的是哪种钢材？
3. 施工过程中如何选用钢筋？

【工作任务】

通过拉伸、冷弯检测钢筋的力学性能和工艺性能，判断钢筋的质量是否合格，从而确定其能否用于工程中。

【学习参考资料】

1. 建筑工程材料

2.《碳素结构钢》GB 700—1988

3.《低合金高强度结构钢》GB 1591—1994

4.《钢筋混凝土用热轧光圆钢筋》GB 13013—1991

5.《钢筋混凝土用热轧带肋钢筋》GB 1499—1998

一、相关知识

(1) 同一截面尺寸和同一炉罐号组成的钢筋分批验收时，每批质量不大于60t。如炉罐号不同时，应按《钢筋混凝土用热轧光圆钢筋》GB 13013—1991、《钢筋混凝土用热轧带肋钢筋》GB 1499—1998 的规定验收。

(2) 钢筋应有出厂证明书或试验报告单。验收时应抽样作力学性能试验，包括拉力试验和冷弯试验两个项目。两个项目中如有一个项目不合格，该批钢筋即为不合格品。

(3) 钢筋在使用中如有脆断、焊接性能不良或力学性能显著不正常时，还应进行化学成分分析及其他专项试验。

(4) 取样方法和结果评定规定，自每批钢筋中任意抽取两根，于每根距端部500mm 处各取一套试样（两根试件），在每套试样中取一根作拉力试验，另一根作冷弯试验。在拉力试验的两根试件中，如其中一根试件的屈服点、抗拉强度和伸长率三个指标中，有一个指标达不到标准中规定的数值，应再抽取双倍（4 根）钢筋，制取双倍（4 根）试件重做试验，如仍有一根试件的一个指标达不到标准要求，则不论这个指标在第一次试件中是否达到标准要求，拉力试验项目也按不合格处理。在冷弯试验中，如有一根试件不符合标准要求，应同样抽取双倍钢筋，制成双倍试件重做试验，如仍有一根试件不符合标准要求，冷弯试验项目即为不合格。

(5) 试验应在室温 10～35℃ 范围内进行，对温度要求严格的试验，试验温度为（23±5）℃。

二、力学性能检测（拉伸试验）

测定低碳钢的屈服强度、抗拉强度与延伸率。注意观察拉力与变形之间的变化。确定应力与应变之间的关系曲线，评定钢筋的强度等级。

1. 主要仪器设备

(1) 万能材料试验机　为保证机器安全和试验准确，其吨位选择最好是使试件达到最大荷载时，指针位于指示度盘第三象限内。试验机的测力示值误差不大于 1%。

(2) 量爪游标卡尺（精确度为 0.1mm）。

2. 试件制作和准备

抗拉试验用钢筋试件不得进行车削加工，可以用两个或一系列等分小冲点或细划线标出原始标距（标记不应影响试样断裂），测量标距长度 L。（精确至0.1mm），如图 1-13 所示。计算钢筋强度用横截面面积采用表 1-6 所列公称横截面面积。

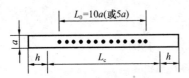

图 1-13 钢筋拉伸试件

a—试样原始直径；L_0—标距长度；

h—夹头长度；L_c—试样平行长度

（不小于 L_0+a）

3. 屈服强度和抗拉强度的测定

（1）调整试验机测力度盘的指针，使对准零点，并拨动副指针，使与主指针重叠。

（2）将试件固定在试验机夹头内。开动试验机进行拉伸，拉伸速度为：屈服前，应力加速度按表 1-7 规定，并保持试验机控制器固定于这一速率位置上，直至该性能测出为止；屈服后或只需测定抗拉强度时，试验机活动夹头在荷载下的移动速度不大于 $0.5L_0/\text{min}$。

钢筋的公称横截面积　　　　　　　　　　　　　　表 1-6

公称直径（mm）	公称横截面积（mm²）	公称直径（mm）	公称横截面积（mm²）
8	50.27	22	380.1
10	78.54	25	490.9
12	113.1	28	615.8
14	153.9	32	804.2
16	201.1	36	1018
18	254.5	40	1257
20	314.2	50	1964

屈服前的加荷速率　　　　　　　　　　　　　　表 1-7

金属材料的弹性模量（MPa）	应加速率 [N/（mm²·s）]	
	最小	最大
<150000	2	20
≥150000	6	60

（3）拉伸中，测力度盘的指针停止转动时的恒定荷载，或第一次回转时的最小荷载，即为所求的屈服点荷载 F_s（N）。按下式计算试件的屈服强度：

$$f_y = \frac{F_s}{A}$$

式中　f_y（σ_s）——屈服强度（MPa）；

　　　　F_s——屈服点荷载（N）；

　　　　A——试件的公称横截面积（mm²）。

当 $f_y>1000\text{MPa}$ 时，应计算至 10MPa；f_y 为 $200\sim1000\text{MPa}$ 时，计算至 5MPa；

$f_y\leqslant200\text{MPa}$ 时，计算至 1MPa。小数点数字按"四舍六入五单双法"处理。

（4）向试件连续施载直至拉断，由测力度盘读出最大荷载 F_b（N）。按下式计算试件的抗拉强度：

$$f_u = \frac{F_b}{A}$$

式中　f_u（σ_b）——抗拉强度（MPa）；

F_b——最大荷载（N）；

A——试件的公称横截面积（mm^2）；

f_u 计算精度的要求同 f_y。

4. 伸长率测定

（1）将已拉断试件的两段在断裂处对齐，尽量使其轴线位于一条直线上。如拉断处由于各种原因形成缝隙，则此缝隙应计入试件拉断后的标距部分长度内。

（2）如拉断处到邻近的标距点的距离大于 $1/3$ （L_0）可用卡尺直接量出已被拉长的标距长度 L_1（mm）。

（3）如拉断处到邻近的标距端点的距离小于或等于 $1/3$ （L_0），可按下述移位法确定 L_1。

在长段上，从拉断处 O 取基本等于短段格数，得 B 点，接着取等于长段所余格数（偶数，图 1-14 （a））之半，得 C 点；或者取所余格数（奇数，图 1-14 （b））减 1 与加 1 之半，得 C 与 C_1 点。移位后的 L_1，分别为 $AO+OB+2BC$ 或者 $AO+OB+BC+BC_1$。

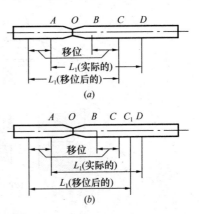

图 1-14　用移位法计算标距

如果直接量测所求得的伸长率能达到技术条件的规定值，则可不采用移位法。

（4）伸长率按下式计算（精确至 1% 写）：

$$\delta_{10}（或\ \delta_5）=\left[(L_1-L_0)/L_0\right]\times100\%$$

式中　δ_{10}、δ_5——分别表示 $L_0=10d$ 或 $L_0=5d$ 时的伸长率；

L_0——原始标距长度 $10d$（$5d$）（mm）；

L_1——试件拉断后直接量出或按移位法确定的标距部分长度（mm）（测量精确至 0.1mm）。

（5）如试件在标距端点上或标距处断裂，则试验结果无效，应重做试验。

三、工艺性能检测（冷弯试验）

1. 主要仪器

压力机或万能试验机，具有不同直径的弯心。

2. 检测方法

（1）钢筋冷弯试件不得进行车削加工，试样长度通常按下式确定：

$$L\approx5a+150\ （mm）（a\ 为试件原始直径）$$

（2）半导向弯曲

试样一端固定，绕弯心直径进行弯曲，如图 1-15 （a）所示。试样弯曲到规定的弯曲角度或出现裂纹、裂缝或断裂为止。

（3）导向弯曲

试样放置于两个支点上，将一定直径的弯心在试样两个支点中间施加压力，使试样弯曲到规定的角度，如图 1-15 （b）所示或出现裂纹、裂缝、断裂为止。

　　试样在两个支点上按一定弯心直径弯曲至两臂平行时，可一次完成试验，亦可先弯曲到图（b）所示的状态，然后放置在试验机平板之间继续施加压力，压至试样两臂平行。此时可以加与弯心直径相同尺寸的衬垫进行试验，如图 1-15（c）所示。

　　当试样需要弯曲至两臂接触时，首先将试样弯曲到图 1-15（c）所示的状态，然后放置在两平板间继续施加压力，直至两臂接触，如图 1-15（d）所示。

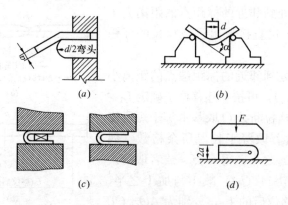

图 1-15　弯曲试验示意图

　　（4）试验应在平稳压力作用下，缓慢施加试验压力。两支辊间距离为（$d+2.5a$）$\pm 0.5a$，并且在试验过程中不允许有变化。

　　（5）试验应在 10～35℃或控制条件（23±5）℃下进行。

　　3. 试验结果评定

　　弯曲后，按有关标准规定检查试样弯曲外表面，进行结果评定。若无裂纹、裂缝或裂断，则评定试样合格。

复习思考题

1. 建筑工程中主要使用哪些钢材？
2. 施工现场如何验收和检测钢筋？如何贮存？

完成任务要求

1. 完成钢筋的力学性能检测。
2. 查阅相关资料，能够正确选用钢筋。

任务 4　墙体材料（块材）检测

【引导问题】

1. 构成建筑物的墙体材料有哪几种？
2. 如何判断进场墙体材料是否合格？

【工作任务】

通过检测墙体材料的外观尺寸、质量及强度，确定其能否用于工程中。

【学习参考资料】

1. 建筑工程材料

2.《烧结普通砖试验》GB/T 2542—2003

3.《混凝土小型空心砌块试验方法》GB/T 4111—1997

4. 建筑材料手册

一、相关知识

墙体材料是指用来砌筑、拼装或用其他方法构成承重墙、非承重墙的材料。在建筑工程中墙体材料具有承重、围护和分隔作用，墙体材料的重量占建筑物自重的1/2，用工量及造价约占1/3。因此合理选用墙体材料对建筑物的结构形式、高度、跨度、安全、使用功能及工程造价等均有重要意义。

墙体材料的品种很多，根据外形和尺寸大小分为砌墙砖、砌块和板材三大类。

二、普通砖检测

1. 尺寸偏差检测

测定烧结普通砖的尺寸偏差，评定质量等级。

利用砖用卡尺的支脚与垂直尺之间的高差来测量。

（1）主要仪器

砖用卡尺（图1-16），分度值为0.5mm。

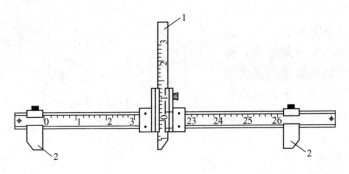

图1-16　砖用卡尺
1—垂直尺；2—支脚

（2）试样制备

检验样品数为20块，其中每一尺寸测量不足0.5mm的按0.5mm计，每一方向尺寸以两个测量值的算术平均值表示。

（3）试验

长度应在砖的两个大面的中间处分别测量两个尺寸；宽度应在砖的两个大面的中间处分别测量两个尺寸；高度应在两个条面的中间处分别测量两个尺寸。当被测处有缺损或凸出时，可在其旁边测量，但应选择不利的一侧。尺寸量法如图1-17所示。

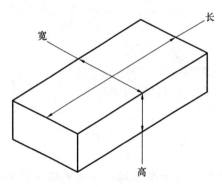

图 1-17 尺寸量法

利用砖用卡尺的支脚与垂直尺之间的高差来测量。

（1）主要仪器

砖用卡尺（图 1-16），分度值为 0.5mm。

钢直尺，分度值为 1mm。

（2）试样制备

检验样品数为 20 块，其中每一尺寸测量不足 0.5mm 的按 0.5mm 计，每一方向尺寸以两个测量值的算术平均值表示。

（3）检测方法

1）缺损

缺棱掉角在砖上造成的破损程度，以破损部分对长、宽、高三个棱边的投影尺寸来度量，称为破坏尺寸。缺损造成的破坏面系指缺损部分对条、顶面的投影面积。缺棱掉角破坏尺寸量法如图 1-18 所示。

2）裂纹检测

裂纹分为长度方向、宽度方向和水平方向三种，以被测方向

（4）结果评定

每一方向尺寸以两个测量值的算术平均值表示。

样本平均偏差是 20 块试样同一方向 40 个测量尺寸的算术平均值减去其公称尺寸的差值，样本平均偏差是抽检的 20 块试样中同一方向 40 个测量尺寸中最大测量值与最小测量值之差值。

2. 外观质量检查

进行烧结普通砖的外观质量检查，评定质量等级。

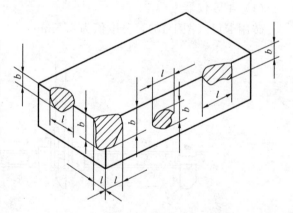

图 1-18 缺棱掉角破坏尺寸量法

的投影长度表示。如果裂纹从一个面延伸至其他面上时，则累计其延伸的投影长度。裂纹量法如图 1-19所示。

3）弯曲检测

弯曲分别在大面和条面上测量，测量时将砖用卡尺的两支脚沿棱边两端放置，择其弯曲最大处将垂直尺推至砖面，但不应将因杂质或碰伤造成的凹处计算在内。以弯曲中测得的较大者作为测量结果。

4）杂质凸出高度

杂质在砖面上造成的凸出高度，以杂质距砖面的最大距离表示。测量时将砖用卡尺的两支脚置于凸出两边的砖平面上，以垂直尺测量。

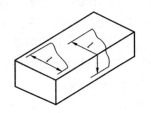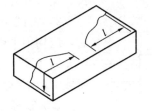

图 1-19　裂纹量法

5）色差检测

装饰面朝上随机分两排并列，在自然光下距离砖样 2m 处目测。

（4）结果处理

外观测量以毫米为单位，不足 1mm 者，按 1mm 计。

3．抗压强度试验

测定烧结普通砖的抗压强度，确定砖的使用范围。

测定受压面积，然后用材料试验机测出最大荷载，通过计算得出单位面积荷载即压强。

（1）主要仪器

材料试验机：试验机的示值相对误差不大于±1%，其下加压板应为球铰支座，预期最大破坏荷载应在量程的 20%～80%之间。

抗折夹具：抗折试验的加荷形式为三点加荷，其上压辊和下支辊的曲率半径为 15mm，下支辊应有一个为铰接固定。

抗压制备平台：试件制备平台必须平整水平，可用金属或其他材料制作。

水平尺：规格为 250～300mm。

钢直尺：分度值为 1mm。

（2）试样制备

1）将试样切断或锯成两个半截砖，断开的半截砖长不得小于 100mm，如果不足 100mm，应另取备用试件补足。

2）试件制备平台上，将已断开的半截砖放入室温的净水中浸 10～20min 后取出，并以断口相反方向叠放，两者中间抹以厚度不超过 5mm 的用强度等级为 32.5 的普通硅酸盐水泥调制的稠度适宜的水泥净浆来粘结，上下两面用厚度不超过 3mm 的同种水泥浆抹平。制成的试件上下两面须相互平行，并垂直于侧面。试样如图 1-20 所示。

（3）试件养护

普通制样法制成的抹面试件应置于不低于 10℃的不通风室内养护 3d；模具制样的试件连同模具在不低于 10℃的不通风室内养护 24h 后脱模，再在相同条件下养护 48h；再进行试验。

（4）试验

1）测量每个试件连接面或受压面的

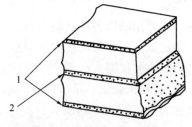

图 1-20　烧结普通砖试样

1—净浆层厚 3mm；2—净浆层厚 5mm

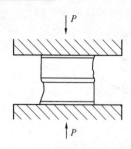

图 1-21　试件受荷示意图

长、宽尺寸各两个，分别取其平均值，精确至 1mm。

2）将试件平放在加压板的中央，垂直于受压面加荷，应均匀平稳，不得发生冲击或振动。加荷速度以（5＋0.5）kN/s 为宜，直至试件破坏为止，记录最大破坏荷载 P。试件受荷如图 1-21 所示。

（5）试验结果

1）每块试件的抗压强度按下式计算（精确至 0.1MPa）：

$$f_i = \frac{P}{A}$$

2）结果评定

试验后分别按下式计算出强度变异系数 δ、标准差 S：

$$\delta = \frac{S}{\bar{f}}$$

$$S = \sqrt{\frac{\sum_{i=1}^{n} f_i^2 - n\bar{f}^2}{n-1}}$$

式中　$\bar{f}$——10 块砖样抗压强度算术平均值（MPa）；

f_i——单块砖样抗压强度的测定值（MPa）；

S——10 块砖样的抗压强度标准差（MPa）。

a. 平均值——标准值方法评定

变异系数 $\delta \leqslant 0.21$ 时，按抗压强度平均值 $\bar{f}$、强度标准值 f_k 指标评定砖的强度等级。样本量 $n=10$ 时的强度标准值按下式计算（精确至 0.1MPa）：

$$f_K = \bar{f} - 1.8S$$

b. 平均值——最小值方法评定

变异系数 $\delta > 0.21$ 时，按抗压强度平均值 $\bar{f}$、单块最小抗压强度值 f_{min} 评定砖的的强度等级，单块最小抗压强度值精确至 0.1MPa。

三、混凝土小型空心砌块力学性能检测

1. 抗压强度检测

通过对混凝土小型空心砌块的抗压强度的测试，评定混凝土小型空心砌块的力学性能。该试验方法依据《混凝土小型空心砌块试验方法》GB/T 4111—1997，适用于墙体用的以各种混凝土制成的小型空心砌块。

测定受压面积及试块破坏时最大荷载，通过计算得出试块的抗压强度。

（1）主要仪器

1）材料试验机：示值误差应不大于 2%，其量程选择应能使试件的预期破坏荷载在满量程的 20%～80%；

2）钢板：厚度不小于 10mm，平面尺寸应大于 440mm×240mm。钢板的一面需平整，精度要求在长度方向范围内的平面度不大于 0.1mm。

3）玻璃平板：厚度不小于 6mm，平面尺寸与钢板的要求相同。

4）水平尺。

（2）试样制备

1）试件数量为五个砌块。

2）分别处理试件的坐浆面和铺浆面，使之成为互相平行的平面。将钢板置于稳固的底座上，平整面向上，用水平尺调至水平。在钢板上先薄薄地涂一层机油，或铺一层湿纸，然后铺一层 1：2.5 的水泥砂浆，将试件的坐浆面湿润后平稳地压入砂浆层内，使砂浆层尽可能均匀，厚度为 3～5mm。

3）静置 24h 后，再按以上方法处理试件的铺浆面。在温度 10℃ 以上不通风的室内养护 3d 后做抗压强度试验。

（3）检测方法

1）测量每个试件的长度和宽度，每项在对应两面中心各测一次，精确至 1mm，然后分别求出各方向的平均值。

2）将试件置于试验机承压板上，使试件的轴线与试验机压板的压力中心重合，以 10～30kN/s 的速度加荷，直至试件破坏。记录最大破坏荷载 P。

3）若试验机压板不足以覆盖试件受压面时，可在试件的上、下承压面加辅助钢压板。辅助钢压板的表面光洁度应与试验机原压板同，其厚度至少为原压板边至辅助钢压板最远角距离的 1/3。

（4）结果评定

1）每个试件的抗压强度按下式计算：

$$R = \frac{P}{LB}$$

式中　R——试件的抗压强度，MPa；

　　　P——破坏荷载，N；

　　L、B——试件受压面的长度和宽度，mm。

2）抗压强度的计算精确至 0.1MPa。试验结果以 5 个试件抗压强度的算术平均值和单块最小值表示。

2. 抗折强度检测

通过对混凝土小型空心砌块的抗折强度的测试，评定混凝土小型空心砌块的力学性能。

（1）主要仪器

1）材料试验机　技术要求同抗压强度试验；

2）钢棒　直径 35～40mm，长度 210mm，数量为三根；

3）抗折支座　由底板和安放在其上的两根钢棒组成，其中至少有一根钢棒是可以自由滚动的，如图 1-22 所示。

（2）试样制备

试件数量及制备方法同抗压强度试件。

（3）检测方法

1）测量每个试件的高度和宽度，分别求出各个方向的平均值；

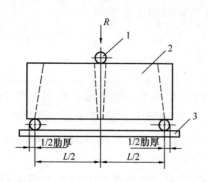

图 1-22 抗折强度检测示意图
1—钢棒；2—试件；3—抗折支座

2）将抗折支座置于材料试验机承压板上，调整钢棒轴线间的距离，使其等于试件长度减一个坐浆面处的肋厚，再使抗折支座的中线与试验机压板的压力中心重合；

3）将试件的坐浆面置于抗折支座上；

4）在试件的上部 1/2 长度处放置一根钢棒，如图 1-22 所示；

5）以 250N/s 的速度加荷直至试件破坏，记录最大破坏荷载 P。

（4）结果计算与评定

1）每个试件的抗折强度按下式计算，精确至 0.1MPa。

$$R_z = \frac{3PL}{2BH^2}$$

式中　R_z——试件的抗折强度（MPa）

　　　P——破坏荷载（N）；

　　　L——抗折支座上两钢棒轴心间距（mm）；

　　　B——试件宽度（mm）；

　　　H——试件高度（mm）。

2）试验结果以 5 个试件抗折强度的算术平均值和单块最小值表示，精确至 0.1MPa。

复习思考题

1. 为什么要用多孔砖、空心砖及新型轻质墙体材料替代普通黏土砖？
2. 墙体材料的发展趋势如何？

完成任务要求

1. 完成墙体材料的检测。
2. 查阅相关资料，能够正确选用墙体材料。

任务 5　防水卷材进场复试

【引导问题】

1. 传统平顶屋面的防水层是什么结构？
2. 什么是"三毡四油"？

【工作任务】

通过对沥青的针入度、延度、软化点和沥青防水卷材的渗水、耐热、拉力、柔度的检测，判定其质量等级。

【学习参考资料】

1. 建筑工程材料

2.《沥青针入度测定法》GB/T 4509—1998

3.《沥青延度测定法》GB/T 4508—1999

4.《沥青软化点测定法（环球法）》GB/T 4507—1999

5.《沥青防水卷材试验方法　不透水性》GB 328.3—89

6. 建筑材料手册

一、相关知识

防水卷材是一种具有一定宽度和厚度的能够卷曲成卷状的带状定型防水材料。防水卷材是建筑防水工程中应用的主要材料，约占整个防水材料的 90%。防水卷材的品种很多，根据防水卷材中构成防水膜层的主要原料，可以将防水卷材分成沥青防水卷材、高聚物改性沥青防水卷材和合成高分子防水卷材三类。

防水卷材要满足建筑防水工程的要求，必须具备以下性能：

（1）耐水性：指在受水的作用后其性能基本不变，在压力水作用下具有不透水性。常用不透水性、吸水性等指标表示。

（2）温度稳定性：指在一定温度变化下保持原有性能的能力。即在高温下不流淌、不起泡、不滑动，低温下不脆裂的性能。常用耐热度等指标表示。

（3）机械强度、延伸性和抗断裂性：指防水卷材能承受一定的力和变形或在一定变形条件下不断裂的性能。常用拉力、拉伸强度和断裂伸长率等指标表示。

（4）柔韧性：指在低温条件下保持柔韧性能，以保证施工和使用的要求。常用柔度、低温弯折等指标表示。

（5）大气稳定性：指在阳光、空气、水及其他介质长期综合作用的情况下，抵抗侵蚀的能力。常用耐老化性等指标表示。

沥青防水卷材以沥青（石油沥青或煤焦油、煤沥青）为主要防水材料，以原纸、织物、纤维毡、塑料薄膜、金属箔等为胎基，用不同矿物粉料或塑料薄膜等作隔离材料，通常称之为油毡。胎基是油毡的骨架，使卷材具有一定的形状、强度和韧性，从而保证了在施工中的铺设性和防水层的抗裂性，对卷材的防水效果有直接影响。沥青防水卷材由于质量轻、价格低廉、防水性能良好、施工方便、能适应一定的温度变化和基层伸缩变形，故多年来在工业与民用建筑的防水工程中得到了广泛应用。通常根据沥青和胎基的种类对油毡进行分类，如石油沥青纸胎油毡、石油沥青玻纤油毡等。

随着科技的发展，除了传统的沥青防水卷材外，近年来研制出不少性能优良的新型防水卷材，高聚物改性沥青防水卷材是其中之一。

高聚物改性沥青防水卷材系以改性沥青为浸涂材料，以纤维毡、纤维织物、聚酯复合或塑料薄膜为胎体，粉状、粒状、片状或塑料膜为覆面材料制成的可卷曲的片状防水材料。高聚合物改性沥青防水卷材包括弹性体、塑性体和橡塑共混体改性沥青防水卷材等三类。其中弹性体（SBS）改性沥青防水卷材和塑性体（APP）改性沥青防水卷材应用较多。

高聚物改性沥青防水卷材具有使用年限长、技术性能好、冷施工、操作简单、污染性低等特点，可以克服传统的沥青纸胎油毡低温柔性差、延伸率较低、拉伸强度及耐久性比较差等缺点，通过改善其各项技术性能，有效提高了防水质量。

高分子防水卷材以合成橡胶、合成树脂或他们两者的共混体为基材，加入适量的化学助剂、填充料等，经过混炼、压延或挤出成型、硫化、定型等工序加工制成的防水卷材。高分子防水卷材具有拉伸强度高、断裂伸长率大、抗撕裂强度高、耐热性能好、低温柔性好、耐腐蚀、耐老化以及可以冷施工等一系列优异性能，是我国大力发展的新型高档防水卷材。

二、石油沥青检测

1. 针入度检测

通过测定沥青的针入度，了解沥青的黏稠程度。

本试验按《沥青针入度测定法》GB/T 4509—1998 规定进行。

石油沥青的针入度以标准针在一定的载荷、时间及温度条件下垂直穿入沥青试样的深度表示，单位为 1/10mm。除非另行规定，标准针、针连杆与附加砝码的总重量为（100±0.05）g，温度为（25±0.1）℃，时间为 5s。

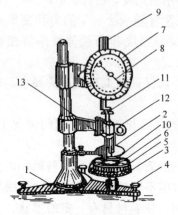

图 1-23 针入度仪

1—底座；2—小镜；3—圆形平台；
4—调平螺丝；5—保温皿；6—试样；
7—该度盘；8—指针；9—活杆；10—标
准针；11—连杆；12—按钮；13—砝码

（1）主要仪器

1）针入度仪：如图 1-23 所示。

2）标准针：应由硬化回火的不锈钢制造。

3）试样皿：金属或玻璃的圆柱形平底皿。

4）恒温水槽：容量不小于 10L，能保持温度在试验温度下控制在 0.1℃范围内。

5）平底玻璃皿：容量不小于 350mL，深度要没过最大的样品皿。

6）温度计：液体玻璃温度计，刻度范围 0～50℃，分度为 0.1℃。

7）计时器：刻度为 0.1s，60s 内的准确度达到±1s 内的任何计时装置均可。

（2）试样的制备

1）小心加热，不断搅拌以防局部过热，加热到使样品能够流动。加热时石油沥青不超过软化点的 90℃，加热时间不超过 30min。加热、搅拌过程中避免试样中进入气泡。

2）将试样倒入预先选好的试样皿中，试样深度应大于预计穿入深度 10mm。同时将试样倒入两个试样皿。

3）松松地盖住试样皿以防灰尘落入。在 15～30℃的室温下冷却 1～1.5h（小试样皿）或 1.5～2.0h（大试样皿），然后将两个试样皿和平底玻璃皿一起放入恒温水浴中，水面应没过试样表面 10mm 以上。在规定的试验温度下冷却，小皿恒温 1～1.5h，大皿恒温 1.5～2.0h。

（3）检测方法

1）调节针入度仪的水平，检查针连杆和导轨，确保上面没有水和其他物质。

先用合适的溶剂将针擦干净，再用干净的布擦干，然后将针插入针连杆中固定。按试验条件放好砝码。

2）将已恒温到试验温度的试样皿和平底玻璃皿取出，放置在针入度仪的平台上。慢慢放下针连杆，使针尖刚刚接触到试样的表面，必要时用放置在合适位置的光源反射来观察。拉下活杆，使其与针连杆顶端相接触，调节针入度仪上的表盘计数指零。

3）用手紧压按钮，同时启动秒表，使标准针自由下落穿入沥青试样，到规定时间停压按钮，使标准针停止移动。

4）拉下活杆，再使其与针连杆顶端相接触，此时表盘指针的读数即为试样的针入度，用 $1/10mm$ 表示。

5）同一试样至少重复测定三次。每一次试验点的距离和试验点与试样皿边缘的距离都不得小于 10mm。每次试验前都应将试样和平底玻璃皿放入恒温水浴中，每次测定都要用干净的针。当针入度超过 200 时，至少用三根针，每次试验用的针留在试样中，直到三根针扎完时再将针从试样中取出。针入度小于 200 时可将针取下用合适的溶剂擦净后继续使用。

（4）数据处理与试验结果

1）三次测定针入度的平均值，取至整数，作为试验结果。三次测定的针入度值相差不应大于表 1-8 的规定数值。

沥青针入度的最大差值 　　　　　　　　　　　　　　　　表 1-8

针入度值	0～49	50～149	150～249	250～350
最大差值	2	4	6	8

2）重复性：同一操作者同一样品利用同一台仪器测得的两次结果不超过平均值的 4%。

3）再现性：不同操作者同一样品利用同一类型仪器测得的两次结果不超过平均值的 11%。

4）如果误差超过了这一范围，利用上述样品制备中的第二个样品重复试验。

5）如果结果再次超过允许值，则取消所有的试验结果，重新进行试验。

2. 延度检测

通过测定沥青的延度和沥青材料拉伸性能，了解其塑性和抵抗变形的能力。

本试验按《沥青延度测定法》GB/T 4508—1999 规定进行。

石油沥青的延度是用规定的试件在一定温度下以一定速度拉伸到断裂时的长度，以"cm"表示。非经特殊说明，试验温度为（25±0.5）℃，拉伸速度为（5±0.25）cm/min。

（1）主要仪器

1）延度仪：配模具，如图 1-24 所示。

2）恒温水槽：容量至少为 10L，能保持试验温度变化不大于 0.1℃，试样浸入水中深度不得小于 10cm。

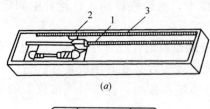

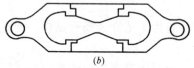

图1-24 沥青延度仪

(a) 延度仪；(b) 延度模具

1—滑板；2—指针；3—标尺

3）温度计：0～50℃，分度0.1℃和0.5℃各1支。

4）筛孔为0.3～0.5mm的金属网。

5）砂浴或可控制温度的密闭电炉。

6）隔离剂：以重量计，由一份甘油和一份滑石粉调制而成。

7）支撑板：金属板或玻璃板。

（2）试样的制备

1）将模具组装在支撑板上，将隔离剂涂于支撑板表面和模具侧模的内表面。

2）小心加热样品，以防局部过热，直至完全变成液体能够倾倒。石油样品加热倾倒时间不超过2h，加热温度不超过估计软化点110℃。把溶化了的样品过筛，充分搅拌后自模具的一端至另一端往返倒入，使试样略高出模具。然后用热的直刀或铲将高出模具的沥青刮出，使试样与模具齐平。

3）恒温：将支撑板、模具和试件一起放入水浴中，并在试验温度下保持85～95min，然后取下准备试验。

（3）检测方法

1）把试样移入延度仪中，将模具两端的孔分别套在实验仪器的柱上，然后以一定的速度拉伸，直到试件拉伸断裂。拉伸速度允许误差±5%，测量试件从拉伸到断裂所经过的距离，以"cm"表示。试验时，试件距水面和水底的距离不小于2.5cm，并且要使温度保持在规定温度的±0.5℃范围内。

2）如果沥青浮于水面或沉入槽底时，则试验不正常。应使用乙醇或氯化钠调整水的密度，使沥青材料既不浮于水面，又不沉入槽底。

3）正常的试验应将试样拉成锥形，直至在断裂时实际横截断面面积近于零。如果三次试验不能得到正常结果，则报告在该条件下延度无法测定。

（4）数据处理与试验结果

同一样品，同一操作者重复测定两次结果不超过平均值的10%。同一样品，在不同实验室测定的结果不超过平均值的20%。

若三个试件测定值在其平均值的5%内，取平行测定三个结果的平均值作为测定结果。若三个试件测定值不在其平均值的5%以内，但其中两个较高值在平均值的5%以内，则弃去最低测定值，取两个较高值的平均值作为测定结果，否则重新测定。

3. 软化点检测

通过测定石油沥青的软化点，了解其耐热性和温度稳定性。

本试验按《沥青软化点测定法（环球法）》GB/T 4507—1999规定进行。

置于肩或锥状黄铜环中两块水平沥青圆片，在加热介质中以一定速度加热，每块沥青片上置有一只钢球。当试样软化到使两个放在沥青上的钢球下落25mm距离时，则此时的温度平均值（℃）作为石油沥青的软化点。

（1）主要仪器

1）环：两只黄铜肩或锥环，其尺寸规格见图 1-25（a）。

2）支撑板：扁平光滑的黄铜板，其尺寸约为 50mm×75mm。

3）球：两只直径为 9.5mm 的钢球，每只质量为（3.50±0.05）g。

4）钢球定位器：两只钢球定位器用于使钢球定位于试样中央，其一般形状和尺寸见 1-25（b）。

5）浴槽：可以加热的玻璃容器，其内径不小于 85mm，离加热底部的深度不小于 120mm。

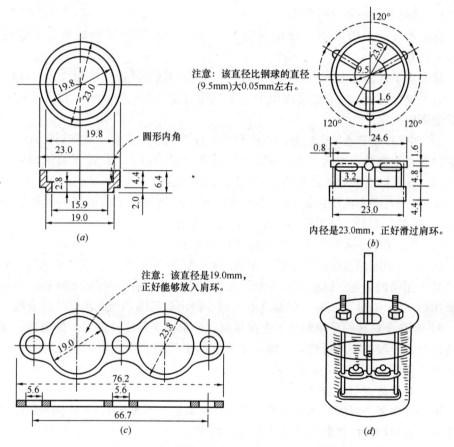

图 1-25　环、钢球定位器、支架、组合装置图
（a）肩环；（b）钢球定位器；（c）支架；（d）组合装置

6）环支撑架和支架：一只铜支撑架用于支撑两个水平位置的环，其形状和尺寸见图 1-25（c），其安装图形见图 1-25（d）。支撑架上的肩环的底部距离下支撑板的上表面为 25mm，下支撑板的下表面距离浴槽底部为 16mm±3mm。

7）温度计：测温范围在 30～180℃，最小分度值为 0.5℃的全浸式温度计。

8）材料：甘油滑石粉隔离剂（以重量计甘油 2 份、滑石粉 1 份）、新煮沸过的蒸馏水、刀、筛孔为 0.3～0.5mm 的金属网。

（2）试样的制备

1）将试样环置于涂有甘油滑石粉隔离剂的试样底板上。将预先脱水的试样加热熔化，不断搅拌，以防止局部过热，直到样品变得流动。石油沥青样品加热至倾倒温度的时间不超过 2h。

如估计软化点在 120℃以上时，应将黄铜环与支撑板预热至 80～100℃，然后将铜环放到涂有隔离剂的支撑板上。

2）向每个环中倒入略过量的沥青试样，让试样在室温下至少冷却 30min。

3）试样冷却后，用热刮刀刮除环面上多余的试样，使得每一个圆片饱满且和环的顶部齐平。

（3）检测方法

1）选择下列一种加热介质。

新煮沸过的蒸馏水适于软化点为 30～80℃的沥青，起始加热介质温度应为(5±1)℃。

甘油适于软化点为 80～1570℃的沥青，起始加热介质温度应为（30±1）℃。

为了进行比较，所有软化点低于 80℃的沥青应在水浴中测定，而高于 80℃的在甘油浴中测定。

2）把仪器放在通风橱内并配置两个样品环、钢球定位器，并将温度计插入合适的位置，浴槽装满加热介质，并使各仪器处于适当位置。用镊子将钢球置于浴槽底部，使其同支架的其他部位达到相同的起始温度。

3）如果有必要，将浴槽置于冰水中，或小心加热并维持适当的起始浴温达 15min，并使仪器处于适当位置，注意不要沾污浴液。

4）再次用镊子从浴槽底部将钢球夹住并置于定位器中。

5）从浴槽底部加热使温度以恒定的速率 5℃/min 上升。为防止通风的影响有必要时可用保护装置。试验期间不能取加热速率的平均值，但在 3min 后，升温速率应达到（5±0.5）℃/min，如温度上升速率超出此范围，则此次试验应重做。

6）当两个试环的球刚触及下支撑板时，分别记录温度计所显示的温度。无需对温度计的浸没部分进行校正。取两个温度的平均值作为沥青的软化点。如两个温度的差值超过 1℃，则重新试验。

（4）数据处理与试验结果

同一操作者，对同一样品重复测定两个结果之差不大于 1.2℃。同一试样，两个实验室各自提供的试验结果之差不超过 2.0℃。

同一试样平行试验两次，当两次测定值的差值符合重复性试验精密度要求时，取其平均值作为软化点试验结果。

三、沥青防水卷材检测

1. 检测条件

（1）送到试验室的试样在试验前，应原封放于干燥处并保持 15～30℃范围内一定时间，试验室温度应每日记录。

（2）物理性能试验所用的水应为蒸馏水或洁净的淡水（饮用水）。所用溶剂应为化学纯或分析纯，但生产厂一般日常检验可采用工业溶剂。

2. 试样制备

（1）将取样的一卷卷材切除距外层卷头 2500mm 后，顺纵向截取长度为 500mm 的全幅卷材两块，一块作物理性能试验试件用，另一块备用。

（2）按图 1-26 所示的部位及表 1-9 规定尺寸和数量切取试件。

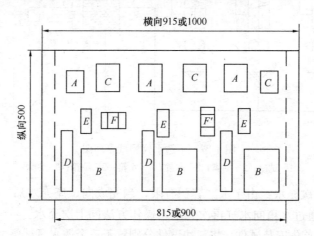

图 1-26　试件切取部位示意图

试件尺寸和数量　　　　　　　　　　　　　　　　　表 1-9

试件项目		试件部位	试件尺寸（mm）	数量
浸涂材料含量		A	100×100	3
不透水性		B	150×150	3
吸水性		C	100×100	3
拉力		D	250×50	3
耐热度		E	100×50	3
柔度	纵向	F	60×30	3
	横向	F'	60×30	3

3. 不透水性试验

通过测定防水卷材的不透水性，了解其抗渗透性能。

本试验按《沥青防水卷材试验方法－不透水性》GB 328.3—89 规定进行。

将试件置于不透水仪的不透水盘上，一定时间内在一定压力作用下（见表 1-9 规定），有无渗漏现象。水温为（20±5）℃。

（1）主要仪器

不透水仪：由液压系统、测试管路系统、夹紧装置和透水盘等部分组成，测试原理如图 1-27 所示。

定时针（或带定时器的油毡不透水测试仪）。

（2）检测方法

1）水箱充水：将洁净水注满水箱。

2）放松夹脚：启动油泵，在油压的作用下，夹脚活塞带动夹脚上升。

3）水缸充水：先将水缸内的空气排净，然后水缸活塞将水从水箱吸入水缸。

4）试座充水：当水缸储满水后，由水缸同时向三个试座充水，三个试座充满水并已接近溢出状态时，关闭试座进水阀门。

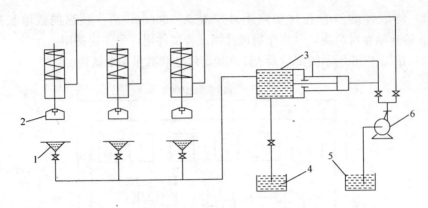

图 1-27　不透水仪测试原理图

1—试座；2—夹脚；3—水缸；4—水箱；5—油箱；6—油泵

5）水缸二次充水：由于水缸容积有限，当完成向试座充水后，水缸内储存水已经断绝，需通过水箱向水缸再次充水，操作方法同上次充水。

6）测试。首先安装试件：将三块试件分别置于三个透水盘试座上，涂盖材料薄弱的一面接触水面，并注意"O"型密封圈应固定在试座槽内，试件上盖上金属压盖（或油毡透水测试仪的探头），然后通过夹脚将试件压紧在试座上。如产生压力影响结果，可向水箱泄水，达到减压目的。然后保持压力：打开试座进水阀，通过水缸向装好试件的透水盘底座继续充水，当压力表达到指定压力时，停止加压，关闭进水阀和油泵，同时开动定时钟或油毡透水测试仪的探头，随时观察试件有否渗水现象，并记录开始渗水时间。在规定测试时间出现其中一块或二块试件有渗漏时，必须立即关闭控制相应试座的进水阀，以保证其余试件能继续测试。最后卸压：当测试达到规定时间即可卸压取样，起动油泵，夹脚上升后即可取出试件，关闭油泵。

（3）数据处理与试验结果

三个试件均无渗水现象时，卷材不透水性合格。

4. 耐热度试验

通过耐热度试验，了解卷材的耐热性能。

本试验按《沥青防水卷材试验方法-耐热度》GB 328.5—89 规定进行。

将试样置于能达到要求温度的恒温箱内，观察当试样受到高温作用时，有无涂层滑动和集中性气泡等现象。

（1）主要仪器

1）电热恒温箱：带有热风循环装置。

2）温度计：0～150℃，最小刻度 0.5℃。

3）干燥器：ϕ250～300mm。

4）表面皿：ϕ60～80mm。

5）天平：感量 0.001g。

6）试件挂钩：洁净无锈的细铁丝或回形针。

（2）检测方法

1）在每块试件距短边一端 1cm 处的中心打一小孔。

2）将试件用细铁丝或回形针穿挂好试件小孔，放入已定温至标准规定温度的电热恒温箱内。试件的位置与箱壁距离不应小于50mm，试件间应留一定距离，不致粘结在一起，试件的中心与温度计的水银球应在同一水平位置上，距每块试件下端10mm处，各放一表面皿用以接受淌下的沥青物质。

（3）数据处理与试验结果

在规定温度下加热2h后，取出试件及时观察并记录试件表面有无涂盖层滑动和集中性气泡。集中性气泡系指破坏油毡涂盖层原形的密集气泡。

三个试件均合格时，卷材耐热度合格。

5. 拉力试验

通过拉力试验，检验卷材抵抗拉力破坏的能力，作为卷材使用的选择条件。

本试验按照《沥青防水卷材试验方法-拉力》GB 328.6—89规定进行。

将试样两端置于夹具内并夹牢，然后在两端同时施加一定拉力，测定试件被拉断时最大拉力。试验温度为（25±2)℃。

（1）主要仪器

拉力机：测量范围0～1000N（0～2000N），最小读数为5N，夹具夹持宽度不小于5cm。

量具：精确度0.1cm。

（2）检测方法

1）将试件置于拉力试验相同温度的干燥处不少于1h。

2）调整好拉力机后，将定温处理的试件夹持在夹具中心，并不得歪扭，上下夹具之间的距离为180mm，开动拉力机使受拉试件被拉断为止。

3）读出拉断时指针所指数值即为试件的拉力。如试件断裂处距夹具小于20m时，该试件试验结果无效，应在同一样品中另行切取试件，重作试验。

（3）数据处理与试验结果

计算纵向三个试件拉力的算术平均值，以其平均值作为卷材的纵向拉力。试验结果的平均值达到标准规定的指标时判为该指标合格，精确至1%。

6. 柔度试验

通过测定防水卷材的柔性，了解其在规定负温下抵抗弯曲变形的能力。

本试验按照《沥青防水卷材试验方法-柔度》GB 328.7—89规定进行。

将试件置于一定温度下进行180°弯曲，观察有无裂缝。

（1）主要仪器

1）柔度弯曲器：$\phi25$、$\phi20$、$\phi10$mm金属圆棒或R为12.5、10、5mm的金属柔度弯板如图1-28所示。

2）恒温水槽或保温瓶。

3）温度计：量程0～5℃，精度0.5℃。

（2）检测方法

1）将呈平板状无弯曲试件和圆棒（或弯板）同时浸泡入已定温的水中，若试件有弯曲则可微微加热，使其平整。

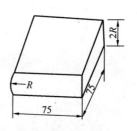

图1-28 柔度弯板

2）试件经 30min 浸泡后，自水中取出，立即沿圆棒（或弯板）用手在约 2s 时间内按均衡速度弯曲成 180°。

（3）数据处理与试验结果

用肉眼观察试件表面有无裂纹，六试件至少有五个试件达规定指标即判该卷材柔度合格。

复习思考题

1. 要满足防水工程的要求，防水卷材应具备哪几方面的性能？
2. 石油沥青的三大指标是什么？

完成任务要求

1. 完成防水材料性质的检测。
2. 查阅相关资料，能够正确选用防水材料。

单元 2　半成品、成品检测

原材料经过检测合格，但是在加工制作过程中，会因为外界因素的影响使加工后的半成品、成品质量存在质量隐患或者质量不合格。对加工后的半成品、成品的质量进行检测，看其性能是否符合质量等级的要求，以确定其是否能用于工程中。

任务 1　混凝土拌合物性能检测

【引导问题】

1. 建筑工地所使用的商品混凝土在进场过程中应履行哪些程序？

2. 如何判断混凝土工作性是否合格？

3. 建筑工地常用的混凝土有哪几种？

【工作任务】

通过检测混凝土的坍落度、黏聚性和保水性，评定混凝土的工作性，确定其能否用于工程中。

【学习参考资料】

1. 建筑工程材料

2.《普通混凝土拌合物性能试验方法标准》GB/T 50080—2002

3. 建筑材料手册

一、相关知识

1. 关于混凝土我们可以从以下两个方面来理解

广义的混凝土是指以胶凝材料，骨料及其他外掺材料按适当比例拌制、成型、养护、硬化而成的复合材料。

狭义的混凝土（普通混凝土）是指以水泥（胶凝材料）、砂石（骨料）及水和外加剂按一定比例配制而成的人造石材。狭义的混凝土即普通混凝土，通常简称为混凝土，它是本单元要讲述的主要内容。

2. 混凝土的分类

（1）按胶凝材料不同，可分为水泥混凝土、沥青混凝土、水玻璃混凝土，聚合物混凝土等。

（2）按性能特点不同，可分为抗渗混凝土、耐酸混凝土、耐热混凝土、高强混凝土、高性能混凝土等。

（3）按施工方法不同，可分为现浇混凝土、预制混凝土、泵送混凝土、喷射混凝土等。

（4）按混凝土的结构分类，可分为普通结构混凝土、细粒混凝土、大孔混凝土和多孔混凝土等。

（5）按体积密度不同，可分为特重混凝土（$\rho_0 > 2500kg/m^3$）、重混凝土（$\rho_0 = 1900 \sim 2500kg/m^3$）、轻混凝土（$\rho_0 = 600 \sim 1900kg/m^3$）、特轻混凝土（$\rho_0 < 600kg/m^3$）。

（6）按强度抗压等级分类，可分为低强混凝土（$f_{cu} < 30MPa$）、高强度混凝土（$f_{cu} \geqslant 60MPa$）及超高强混凝土（$f_{cu} \geqslant 100MPa$）。

3. 混凝土拌合物的工作性

工作性也称为和易性，是指混凝土拌合物在一定的施工条件和环境下，是否易于各种施工工序的操作，以获得均匀密实混凝土的性能。混凝土的工作性在其搅拌、运输、施工过程中可归结为三个方面的技术性质，即流动性、黏聚性、保水性。

（1）流动性

流动性是指混凝土拌合物的各种组成材料在施工过程中具有一定的黏聚力，能保持成分的均匀性，在运输、浇筑、振捣、养护过程中不发生离析、分层现象。

（2）黏聚性

通过黏聚性我们可以了解混凝土拌合物的均匀性。

（3）保水性

保水性是指混凝土拌合物在施工过程中具有一定的保持水分的能力，不产生严重泌水的性能。保水性反映了混凝土拌合物的稳定性。

二、普通混凝土拌合物和易性检测

新拌混凝土拌合物的和易性是保证混凝土便于施工、质量均匀、成型密实的性能，它是保证混凝土施工质量的前提，这里主要进行新拌混凝土拌合物坍落度试验。

1. 适用范围

本试验方法适用于坍落度值>10mm，骨料最大粒径≤37.5mm 的混凝土拌合物测定。

2. 主要仪器设备：

坍落度筒（图 2-1）、捣棒、小铲、木尺、钢尺、拌板、馒刀、下料斗等。

3. 试验方法及步骤

（1）按配合比计算 15L 材料用量并拌制混凝土（骨料以全干状态为准）。

人工拌合：将称好的砂子、水泥（和混合料）倒在铁板上，用平头铁锹翻至颜色均匀，再放入称好的石子与之拌合至少翻拌三次，然后堆成锥形，将中间扒一凹坑，加入拌合用水（外加剂一般随水

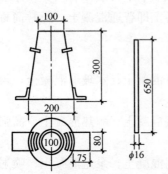

图 2-1　标准坍落度筒（mm）

一同加入）小心拌合，至少翻拌六次，每翻拌一次，应用铁锹将全部混凝土铲切一次。拌合时间从加水完毕时算起，在 10min 内完成。

机械拌合：拌合前应将搅拌机冲洗干净，并预拌少量同种混凝土拌合物或与拌合混凝土水灰比相同的砂浆，使搅拌机内壁挂浆。向搅拌机内依次加入石子、砂和水泥，干拌均匀，再将水徐徐加入，全部加料时间不超过 2min；水全部加入后，继续拌合 2min。将混合料自搅拌机卸出备用。

（2）湿润坍落度筒及其他用具，把筒放在铁板上，用双脚踏紧踏板。

（3）用小方铲将混凝土拌合物分三层均匀地装入筒内，每层高度约为筒高的 1/3 左右。每层用捣棒沿螺旋方向在截面上由外向中心均匀插捣 25 次。插捣深度要求为：底层应穿透该层，上层应插到下层表面以下约 10~20mm。

（4）顶层插捣完毕后，用馒刀将混凝土拌合物沿筒口抹平，并清除筒外周围的混凝土。

（5）将坍落度筒徐徐垂直提起，轻放于试样旁边。坍落度筒的提离过程应在 5~10s 内完成，从开始装料到提起坍落度筒的整个过程应不间断地进行，并在 150s 内完成。用钢尺量出试样顶部中心与坍落度筒的高度之差，即为坍落度值（图 2-2）。

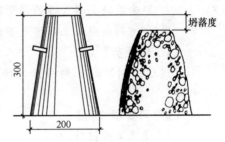

图 2-2　坍落度试验（mm）

4. 试验结果确定

（1）坍落度测定　提起坍落度筒后，立即测量筒高与坍落后混凝土试件最高点之间的高度差，此值即为混凝土拌合物的坍落度值（mm），并精确至 5mm。

坍落度筒提起后，如混凝土拌合物发生崩塌或一边剪切破坏，则应重新取样进行测定，如仍然出现上述现象，则该混凝土拌合物和易性不好，并应记录备查。

（2）黏聚性和保水性的评定　黏聚性和保水性测定是在测量坍落度后，再用目测观察判定黏聚性和保水性。

黏聚性检验方法　用捣棒在已坍落的混凝土锥体侧面轻轻敲打，此时，如锥体渐渐下沉，则表示黏聚性良好，如锥体崩裂或出现离析现象，则表示黏聚性不好。

保水性检验　坍落度筒提起后，如有较多的稀浆从底部析出，锥体部分的混凝土拌合物也因失浆而骨料外露，则表明保水性不好。

坍落度筒提起后，如无稀浆或仅有少量稀浆从底部析出，则表明混凝土拌合物保水性良好。

5. 和易性的调整

（1）当坍落度低于设计要求时，可在保持水灰比不变的前提下，适当增加水泥浆量，其数量可为原来计算用量的 5%~10%。

当坍落度高于设计要求时，可在保持砂率不变的条件下，增加骨料用量。

（2）若出现含砂量不足，导致黏聚性、保水性不良时；可适当增大砂率，反之则减小砂率。

复习思考题

1. 什么是混凝土？混凝土的基本组分有哪些？
2. 如何测试混凝土拌合物的坍落度值？有哪些注意事项？

完成任务要求

1. 完成混凝土拌合物性质检测。
2. 查阅相关资料，能够根据工程需要正确选择混凝土的工作性。

任务 2　混凝土强度检测

【引导问题】

1. 影响混凝土耐久性的因素有哪些？
2. 如何判断混凝土强度是否合格？

【工作任务】

通过检测混凝土的强度，评定混凝土的质量，确定其能否用于工程中。

【学习参考资料】

1. 建筑工程材料
2. 《普通混凝土力学性能试验方法标准》GB/T 50081—2002
3. 《混凝土试模》JG 3019—94
4. 建筑材料手册

一、相关知识

混凝土的强度包括抗压、抗拉、抗剪、抗弯及握裹强度等，其中以抗压强度最大，所以混凝土主要用来承受压力作用。混凝土的抗压强度是结构设计的主要参数，也是混凝土质量评定的指标。

混凝土的抗压强度及强度等级分为

（1）立方体抗压强度

按照国家标准《普通混凝土力学性能试验方法标准》GB/T 50081—2002 的规定，以边长为 150mm 的立方体试件，在标准养护条件（温度（20±3）℃，相对湿度大于 90％）下养护 28d 进行抗压强度试验所测得的抗压强度称为混凝土的立方体抗压强度，以 $f_{c,c}$ 表示。

混凝土的立方体抗压强度试验，也可根据粗骨料的最大粒径而采用非标准试件得出的强度值，但必须经换算。换算系数见表 2-1。

混凝土立方体抗压强度试验，每组三个试件，应在同一盘混凝土中取样制作，三个强度值应按以下原则进行整理，得出该组试件的强度代表值，取三个试件强度的算术平均值，当一组试件中强度的最大值或最小值与中间值之差小于中间值的 15％时，取中间值作为该组试件的强度代表值，当一组试件中强度的最大值或最小值与中间值之差超过中间值的 15% 时，该组试件的强度不应作为评定强度的依据。

混凝土试件尺寸及强度的尺寸换算系数　　　　　表 2-1

试件尺寸 (mm)	强度的尺寸 换算系数	最大粒径 (mm)	试件尺寸 (mm)	强度的尺寸 换算系数	最大粒径 (mm)
100×100×100	0.95	≤31.5	200×200×200	1.05	≤65.0
150×150×150	1.00	≤40.0			

（2）混凝土立方体抗压强度标准值

混凝土立方体抗压强度标准值是指具有 95% 强度保证率的标准立方体抗压强度值，也就是指在混凝土立方体抗压强度测定值的总体分布中，低于该值的百分率不超过 5%。

（3）强度等级

混凝土强度等级是根据混凝土立方体抗压强度标准值（MPa）来确定，用符号 C 表示，划分为 C7.5、C10、C15、C20、C30、C35、C40、C45、C50、C55、C60 共 12 个等级。

不同工程等级或用于不同部位的混凝土，对其强度等级的要求也不同，一般是：

C7.5～C15 用于垫层、基础、地坪及受力不大的结构；

C15～C25 用于梁、板、柱、楼梯、屋架等普通钢筋混凝土结构；

C25～C30 用于大跨度结构，耐久性要求较高的结构，预制构件等；

C30 以上用于预应力钢筋混凝土构件，承受动荷结构及特种结构等。

（4）轴心（棱柱体）抗压强度

立方体抗压强度是评定混凝土强度系数的依据，而实际工程绝大多数混凝土构件都是棱柱或圆柱体。同样组成的混凝土，硬化后试件的形状不同，测出的强度值会有较大差别。为与实际情况相符，结构设计中采用混凝土的轴心抗压强度作为混凝土轴心受压构件设计强度的取值依据。根据《普通混凝土力学性能试验方法》GBJ 81—1985 规定，混凝土的轴心抗压强度是采用 150mm×150mm×300mm 的棱柱体标准试件，在标准养护条件下所测得的 28d 抗压强度值，以"$f_{c,p}$"表示。根据大量的试验资料统计，轴心抗压强度与立方体抗压强度之间的关系为：

$$f_{c,p} = (0.7 \sim 0.8) f_{c,c}$$

二、混凝土强度检测

学会混凝土抗压强度试件的制作方法，用以检验混凝土强度，确定、校核混凝土配合比，并为控制混凝土施工质量提供依据。

1. 主要仪器设备

压力试验机、上下承压板、振动台、试模、捣棒、小铲、钢直尺等。

2. 制作方法

（1）制作试件前首先检查试模，拧紧螺栓，清刷干净，并在其内壁涂上一薄层矿物油脂。

（2）试件的成型方法应根据混凝土的坍落度来确定。

坍落度小于 70mm 的混凝土拌合物应采用振动台成型。其方法为将拌好的混凝土拌合物一次装入试模，装料时应用馒刀沿试模内壁略加插捣并使混凝土拌合物稍有富余，然后将试模放到振动台上，用固定装置予以固定，开动振动台并计时，当拌合物表面出现水泥浆时，停止振动并记录时间，用馒刀沿试模边缘刮去多余拌合物，并抹平。

坍落度大于 70mm 的混凝土拌合物采用人工捣实成型。其方法为将混凝土拌合物分两层装入试模，每层装料的厚度大致相同，插捣时用垂直的捣棒按螺旋方向由边缘向中心进行，插捣底层时捣棒应达到试模底面，插捣上层时，捣棒应贯穿下层深度 20～30mm，并用馒刀沿试模内侧插入数次，以防止麻面，每层插捣次数，随试件尺寸而定：

100mm×100mm×100mm 的试件插捣 12 次；

150mm×150mm×150mm 的试件插捣 25 次；

200mm×200mm×200mm 的试件插捣 50 次；

捣实后，刮去多余混凝土，并用馒刀抹平。

3. 试件养护

（1）采用标准养护的试件成型后应覆盖表面，防止水分蒸发，并在（20±5)℃的室内静置 24～48h，然后编号拆模。

（2）拆模后的试件应立即放入标准养护室（温度为（20±3)℃，相对湿度为 90% 以上）养护，每一龄期试件的个数一般为一组三个，试件之间彼此相隔 10～20mm，并应避免用水直接冲淋试件。

（3）试件成型后需与构件同条件养护的，应覆盖其表面，试件拆模时间可与实际构件拆模时间相同，拆模后，试件仍需与构件保持同条件养护。

4. 抗压强度测定

到达试验龄期时，从养护室取出试件并擦拭干净，检查外观，测量试件尺寸（准确至 1mm），当试件有严重缺陷时，应废弃。将试件放在试验机的下压板正中，加压方向应与试件捣实方向垂直。调整球座，使试件受压面接近水平位置。加荷应连续而均匀。混凝土强度等级 <C30 时，其加荷速度为 7～10kN/s；混凝土强度等级 ≥C30 时，则为 10～18kN/s。当试件接近破坏而开始迅速变形时，停止调整试验机油门，直至试件破坏，然后记录破坏荷载 F（N）。

5. 试验结果确定

（1）混凝土立方体试件抗压强度按下式计算（精确至 0.1MPa）：

$$f_{cu,k} = \frac{F}{A}$$

式中　$f_{cu,k}$——混凝土立方体试件抗压强度（MPa）；

　　　F——破坏荷载（N）；

A——试件受压面积（mm^2）。

（2）以三个试件抗压强度的算术平均值作为该组试件的抗压强度值，精确到0.1MPa。如果三个测定值中的最大或最小值中有一个与中间值的差异超过中间值的15％，则把最大及最小值舍去，取中间值作为该组试件的抗压强度值。如果最大、最小值均与中间值相差15％以上，则此组试验作废。

（3）凝土抗压强度是以150mm×150mm×150mm的立方体试件作为抗压强度的标准试件，其他尺寸试件的测定结果应乘以尺寸换算系数，200mm×200mm×200mm试件的换算系数为1.05，100mm×100mm×100mm试件的换算系数为0.95。

复习思考题

1. 压混凝土试块时其加荷速度如何确定？

2. 混凝土的配制强度如何确定？

完成任务要求

1. 完成混凝土材料力学性质的检测。

2. 查阅相关资料，能够正确选配混凝土。

任务3 砂浆工作性能检测

【引导问题】

1. 如何判断砂浆是否合格？

2. 建筑工地常用的砂浆有哪几种？

【工作任务】

通过检测砂浆稠度、分层度，评定砂浆的质量，确定其能否用于工程中。

【学习参考资料】

1. 建筑工程材料

2. 《建筑砂浆基本性能试验方法》JGJ 70—90

3. 建筑材料手册

一、相关知识

建筑砂浆是由胶凝材料、细骨料、掺加料和水按一定的比例配制而成。它与混凝土的主要区别是组成材料中没有粗骨料，因此建筑砂浆也称为细骨料混凝土。

建筑砂浆主要用于以下几个方面：在结构工程中，用于把单块砖、石、砌块等胶结起来构成砌体，用于砖墙的勾缝、大中型墙板及各种构件的接缝；在装饰工程中用于墙面、地面及梁、柱等结构表面的抹灰，镶贴天然石材、人造石材、瓷砖、陶瓷锦砖等。

　　根据所用胶凝材料的不同，建筑砂浆分为水泥砂浆、石灰砂浆和混合砂浆等；根据用途又分为砌筑砂浆、抹面砂浆、防水砂浆及特种砂浆。

　　抹面砂浆也称抹灰砂浆，以薄层涂抹在建筑物内外表面。既可以保护墙体不受风雨、潮气等侵蚀，提高墙体的耐久性；同时也使建筑表面平整、光滑、清洁美观。与砌筑砂浆不同，对抹面砂浆的要求不是抗压强度，而是和易性以及与基底材料的粘结力。

　　为了保证抹灰层表面平整，避免开裂脱落，通常抹面砂浆分为底层、中层和面层。各层抹面的作用和要求不同，每层所用的砂浆性质也应各不相同。

　　底层砂浆的作用是与基层牢固的粘结，因此要求砂浆具有良好的工作性和粘结力，并具有较好的保水性，以防止水分被基层吸收而影响粘结。砖墙底层抹灰多用石灰砂浆；有防水、防潮要求时用水泥砂浆；混凝土底层抹灰多用水泥砂浆或混合砂浆；板条墙及顶棚的底层抹灰多用混合砂浆或石灰砂浆。

　　中层抹灰主要起找平作用，多用混合砂浆或石灰砂浆，有时可省略。

　　面层砂浆主要起保护装饰作用，多用细砂配制的混合砂浆、麻刀石灰砂浆、纸筋石灰砂浆；在容易碰撞或潮湿的部位的面层，如墙裙、踢脚板、雨篷、水池、窗台等均应采用细砂配制的水泥砂浆。

　　涂抹在建筑物内外墙表面，以增加建筑物美观效果的砂浆称为装饰砂浆。装饰砂浆与抹面砂浆的主要区别在面层。装饰砂浆的面层应选用具有一定颜色的胶凝材料和骨料并采用特殊的施工操作方法，以使表面呈现出各种不同的色彩线条和花纹等装饰效果。

　　装饰砂浆常用的胶凝材料有白水泥和彩色水泥，以及石灰、石膏等。集料常用大理石、花岗岩等带颜色的细石渣或玻璃、陶瓷碎粒等。

　　几种常用装饰砂浆的工艺作法如下：

　　1. 水刷石

　　水刷石是将水泥和粒径为 5mm 左右的石渣按比例配制成砂浆，涂抹成型待水泥浆初凝后，以硬毛刷蘸水刷洗，或以清水冲洗，冲洗掉石渣表面的水泥浆，使石渣半露而出来。水刷石饰面具有石料饰面的质感效果，如再结合适当的艺术处理，可使饰面获得自然美观、明快庄重、秀丽淡雅的艺术效果，且经久耐用，不需维护。

　　2. 水磨石

　　水磨石是用普通水泥、白水泥或彩色水泥和有色石渣或白色大理石碎粒做面层，硬化后用机械磨平抛光表面而成。不仅美观而且有较好的防水、耐磨性能。水磨石分现制和预制两种。现制多用于地面装饰，预制件多用作楼梯踏步、踢脚板、地面板、柱面、窗台板、台面等。多用于室内外地面的装饰。

　　3. 斩假石

　　又称剁斧石，是在水泥砂浆基层上涂抹水泥石粒浆，待硬化有一定强度时，用钝斧及各种凿子等工具，在表面剁斩出类似石材经雕琢的纹理效果。既具有真石的质感，又有业工细作的特点，给人以朴实、自然、素雅、庄重的感觉。主要用于室内外柱面、勒脚、栏杆、踏步等处的装饰。

用作防水层的砂浆叫做防水砂浆，砂浆防水层又称为刚性防水层，适用于不受振动和具有一定刚度的混凝土或砖石砌体工程，应用于地下室、水塔、水池等防水工程。

防水砂浆可以采用普通水泥砂浆，通过人工多层抹压法，以减少内部连通毛细孔隙，增大密实度，达到防水效果。也可以掺加防水剂来制作防水砂浆。常用的防水剂有氯化物金属盐类防水剂、水玻璃防水剂和金属皂类防水剂等。在水泥砂浆中掺入防水剂，可促使砂浆结构密实，填充和堵塞毛细管道和孔隙，提高砂浆的抗渗能力。

配制防水砂浆，宜选用强度等级 32.5 级以上的普通硅酸盐水泥或微膨胀水泥，砂子宜采用洁净的中砂，水灰比控制在 0.50～0.55，体积配合比控制在 1：2.5～1：3（水泥：砂）。

防水砂浆的施工操作要求较高，配制防水砂浆时先将水泥和砂子干拌均匀，再把量好的防水剂溶于拌合水中与水泥、砂搅拌均匀后即可使用。涂抹时，每层厚度约 5mm 左右，共涂抹 4～5 层，约 20～30mm 厚。在涂抹前先在润湿清洁的底面上抹一层纯水泥浆，然后抹一层 5mm 厚的防水砂浆，在初凝前用木抹子压实一遍，第二、三、四层都是同样的操作方法，最后一层进行压光。抹完后应加强养护。

二、砂浆稠度检测

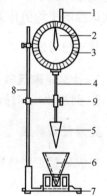

通过稠度检测，可以测得达到设计稠度时的加水量，或在施工期间控制稠度以保证施工质量。

1. 仪器设备

砂浆稠度仪（图 2-3）、捣棒、台秤、拌锅、拌合钢板、秒表等。

2. 试验方法与步骤

（1）将拌好的砂浆装入圆锥筒内，装至筒口下约 1.0mm，用捣棒插捣 25 次，前 12 次需插到筒底，然后将砂浆筒在桌上轻轻振动 5～6 下，使之表面平整，再移置于砂浆稠度仪台座上。

图 2-3　砂浆稠度测定仪
1—齿条测杆；2—指针；3—刻度盘；4—滑杆；5—圆锥体；6—圆锥筒；7—底座；8—支架；9—制动螺钉

（2）放松固定螺钉，使圆锥体的尖端和砂浆表面接触，并对准中心，拧紧固定螺钉，读出标尺读数，然后突然放开固定螺钉、使圆锥体自由沉入砂浆中 10s 后，读出下沉的距离（以毫米计），即为砂浆的稠度值。

3. 试验结果确定

（1）以两次测定结果的算术平均值作为砂浆稠度测定结果，如两次测定值之差大于 20mm，应重新配砂浆测定。

（2）如稠度值不符合要求，可酌情加水或石灰膏，重新再测，直到符合要求为止。但从加水拌合算起，时间不准超过 30min，否则重拌。

三、砂浆的保水性检测

测定砂浆的分层度，并依此判断砂浆在运输、停放及使用时的保水能力，从而控制砂浆的工作性及砌体的质量。

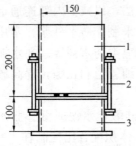

图2-4 砂浆分层度筒
1—无底圆筒；2—连接螺栓；
3—有底圆筒

1. 主要仪器设备

分层度测定仪（图2-4），其他仪器同稠度试验仪器。

2. 试验

（1）将拌好的砂浆，测出稠度值 k_1（mm）后，重新拌匀，一次注入分层度测定仪中。

（2）静置30min后，去掉上层20cm砂浆，然后取出底层10cm砂浆重新拌合均匀，再测定砂浆稠度值 k_2（mm）。

（3）两次砂浆稠度值的差值（k_1-k_2）即为砂浆的分层度。

3. 结果评定

砂浆的分层度宜在10～30mm之间，如大于30mm，易产生分层、离析、泌水等现象，如小于10mm，则砂浆过黏，不易铺设且容易产生干缩裂缝。一般取两次试验的平均值作为试验砂浆的分层度。

复习思考题

1. 什么是砌筑砂浆？
2. 砌筑砂浆与抹面砂浆在功能上有何不同？

完成任务要求

完成砂浆工作性质检测。

任务4　砌筑砂浆强度检测

【引导问题】

1. 如何判断砂浆强度是否合格？
2. 影响砌筑砂浆强度因素有哪几种？

【工作任务】

通过检测砂浆强度评定砂浆的质量，确定其能否用于工程中。

【学习参考资料】

1. 建筑工程材料
2. 建筑材料手册

一、相关知识

将砖、石、砌块等粘结成为砌体的砂浆称为砌筑砂浆。砌筑砂浆的作用主要是：把分散的块状材料胶结成坚固的整体，提高砌体的强度、稳定性；使上层块状材料所受的荷载能够均匀传递到下层；填充块状材料之间的缝隙，提高建筑物的保温、隔声、防潮等性能。

二、砌筑砂浆强度检测

检验砂浆的实际强度，依此确定砂浆的强度等级，并判断是否达到设计要求。

1. 主要仪器设备

压力机、试模（规格 70.7mm×70.7mm×70.7mm 无底试模）、捣棒、馒刀等。

2. 检测步骤

（1）砌砖砂浆试件

1）将内壁事先涂刷薄层机油的无底试模，放在预先铺有吸水性较好湿纸的普通砖上。

2）砂浆拌好后一次装满试模内，用直径 10mm，长 350mm 的钢筋捣棒（其一端呈半球形）均匀插捣 25 次，然后在四侧用馒刀沿试模壁插捣数次，砂浆应高出试模顶面 6～8mm。

3）当砂浆表面开始出现麻斑状态时（约 15～30min）将高出部分的砂浆沿试模顶面削去抹平。

（2）砌石砂浆试件

1）试件用带底试模制作。

2）砂浆分两层装入试模（每层厚度约 40mm），每层均匀插捣 12 次，然后沿试模壁用抹刀插捣数次。砂浆应高出试模顶面 6～8mm，1～2h 内，用刮刀刮掉多余的砂浆并抹平表面。

（3）试件拆模与养护

1）小心拆模，不要损坏试件边角。

2）试件养护　水泥混合砂浆应在温度为（20±3）℃，相对湿度为 60%～80% 的条件下养护；水泥砂浆或微沫砂浆应在温度为（20±3）℃，相对湿度为 90% 以上的潮湿条件下养护。

3）自然养护　水泥混合砂浆应在高于 0℃，相对湿度为 60%～80% 的条件下（如养护箱中或不通风的室内）养护；水泥砂浆和微沫砂浆应在正温度并保持试件表面湿润的状态下（如湿砂堆中）养护。养护期间必须作好温度记录。

（4）抗压强度试验

1）试验前，应将试件表面刷净擦干，以试件的侧面作受压面进行抗压强度试验。

2）试验时，加荷速度必须均匀，加荷速度为 0.5～1.5kN/s。

3. 试验结果确定

1）单个砂浆试件的抗压强度按下式计算（精确至 0.1MPa）

$$f_m = \frac{F}{A}$$

式中　f_m——单个砂浆试件的抗压强度（MPa）；

　　　　F——破坏荷载（N）；

　　　　A——试件的受力面积，mm^2。

2）每组试件为 6 块，取 6 个试件试验结果的算术平均值（计算精确至 0.1MPa）作为该组砂浆试件的抗压强度。当 6 个试件中的最大值或最小值与平均值的差超过 20％时，以中间 4 个试件的平均值作为该组试件的抗压强度值。

复习思考题

1. 测定砌筑砂浆强度的标准试件尺寸是多少？

2. 如何确定砂浆的强度等级？

完成任务要求

1. 完成砂浆强度检测。

2. 查阅相关资料，能够正确选用砂浆。

任务 5　钢筋连接检测

【引导问题】

1. 建筑工地常用的钢筋连接方法有几种？

2. 如何判断钢筋是否合格？

3. 建筑工地常用的钢筋有哪几种？

【工作任务】

通过对钢筋连接的检测，评定钢筋的焊接，确定其能否用于工程中。

【学习参考资料】

1. 建筑工程材料

2. 建筑材料手册

一、相关知识

1. 常用钢材的连接方法：

（1）钢筋电弧焊；

（2）钢筋闪光对焊；

（3）钢筋电渣压焊；

（4）钢筋机械连接。

2. 钢材的可焊性：

指钢材在一定焊接工艺条件下，在焊缝及其附近过热区是否产生裂缝及脆硬倾向，焊接后接头强度是否与母体相近的性能。

二、钢筋连接检测

1. 主要仪器设备

万能试验机等。

2. 检测步骤

（1）调整试验机测力度盘的指针，使对准零点，并拨动副指针，使与主指针重叠。

（2）将试件固定在试验机夹头内。开动试验机进行拉伸，加荷速度为10～30MPa/s。

（3）向试件连续施载直至拉断，由测力度盘读出最大荷载 δ_b（N）。按下式计算试件的抗拉强度：

$$\delta_b = \frac{F_b}{S}$$

式中　　δ_b——抗拉强度（MPa）；

　　　　F_b——最大荷载（N）；

　　　　S——试件的公称横截面积（mm²）

3. 结果评定

（1）合格评定：

3个钢筋接头试件的抗拉强度均不得小于该牌号钢筋规定的抗拉强度；3个试件中至少应有2个试件断于焊缝之外，并应呈延性断裂。

（2）不合格评定：

当试验结果有2个试件抗拉强度小于钢筋规定的抗拉强度，或3个试件均在焊缝或热影响区发生脆性断裂时，则一次规定该批接头为不合格品。当试验结果有1个试件的抗拉强度小于规定值，或2个试件在焊缝或热影响区发生脆性断裂，其抗拉强度均小于钢筋规定抗拉强度的1.10倍时，应进行复验。复验时，应再切取6个试件。复查结果，当仍有1个试件的抗拉强度小于规定值，或有3个试件在焊缝或热影响区脆性断裂，其抗拉强度小于钢筋规定抗拉强度的1.10倍时，应规定该批接头为不合格品。当接头试件虽断于焊缝或热影响区，呈脆性断裂，但其抗拉强度大于或等于钢筋规定抗拉强度的1.10倍时，断于焊缝或热影响区之外，同延性断裂同等对待。

三、钢筋焊接弯曲检测

1. 主要仪器设备

万能试验机等。

2. 检测步骤

进行弯曲检测时，试样应放在两支点上，并应使焊缝中心与压头中心线一致，应缓慢地对试样施加弯曲力，直至达到规定的弯曲角度或出现裂纹、破断为止。在检测过程中，应采取安全措施，防止试样突然断裂伤人。

检测记录应包括下列内容：弯曲后试样受拉面有无裂纹；断裂时的弯曲角度；

断口位置及特征；有无焊接缺陷。

3. 结果评定

（1）合格评定：

当检测结果弯至 90°，有 2 个或 3 个试件外侧（含焊缝和热影响区）未发生破裂，应评定为该接头弯曲检测合格。

（2）不合格评定：

当 3 个试件均发生破裂，则一次判定该批接头为不合格品；当有 2 个试件发生破裂，应进行复验。复验时，应再切取 6 个试件。复查结果，当仍有 1 个试件的抗拉强度小于规定值，或有 3 个试件在焊缝或热影响区脆性断裂，其抗拉强度小于钢筋规定抗拉强度的 1.10 倍时，应规定该批接头为不合格品。当接头试件虽断于焊缝或热影响区，呈脆性断裂，但其抗拉强度大于或等于钢筋规定抗拉强度的 1.10 倍时，可按断于焊缝或热影响区之外，同延性断裂同等对待。

复习思考题

1. 钢筋冷弯性能有何实用意义？
2. 什么是屈强比？

完成任务要求

1. 完成钢筋连接性能的检测。
2. 查阅相关资料，能够正确选择钢筋的连接方法。

任务 6　门窗性能检测

【引导问题】

1. 如何判断建筑外门窗是否合格？
2. 建筑物常用的外门窗有哪几种？

【工作任务】

通过对外门窗的检测，评定其质量，确定能否用于工程中。

【学习参考资料】

1. 建筑工程材料
2. 建筑材料手册
3. 《建筑外窗抗风压性能分级及检测方法》GB/T7 106—2002
4. 《建筑外窗气密性能分级及检测方法》GB/T 7107—2002
5. 《建筑外窗水密性能分级及检测方法》GB/T 7108—2002

一、相关知识

（1）外窗：有一个面朝向室外的窗。

（2）外门：有一个面朝向室外的门。

（3）抗风压性能：关闭着的外窗在风压作用下不发生损坏和功能障碍的能力。

（4）气密性能：外窗在关闭状态下，阻止空气渗透的能力。

（5）水密性：关闭着的外窗在风雨同时作用下，阻止雨水渗漏的能力。

二、抗风压性能检测

（1）试件经过检测未出现功能障碍或损坏时，注明 $\pm P_3$ 值，按 $\pm P_3$ 中绝对值较小者定级；

（2）以每个试件出现功能障碍或损坏时压力差值的前一级压力差值作为该试件抗风压性能定级值；

（3）以三个试件定级值的最小值为该试件的定级值；

（4）若设计给定指标值 P_3，三个试件必须全部满足设计要求。

三、气密性能检测

（1）取三个试件的单位缝长空气渗透量的平均值作为定级指标值 q_1；

（2）取三个试件的单位面积空气渗透量的平均值作为定级指标值 q_2；

（3）取 q_1 和 q_2 中的不利级别为该试件所属级别；

（4）若设计分别给定单位缝长空气渗透量 q_1 和单位面积空气渗透量 q_2，则直接判定是否满足设计要求。

四、水密性能检测

（1）以每个试件严重渗漏时所受压力差值的前一级检测压力值作为该试件水密性能检测值；

（2）一般取三个试件检测值的算术平均值为定级指标值，如果三个检测值中最高值与中间值相差两个检测压力级以上时，将最高值降至比中间值高两个检测压力级后，再进行算术平均；

（3）若设计给定检测压力差值，每个试件检测至设计值时尚未渗漏，则直接判定为满足设计要求，否则评定为不满足设计要求。

复习思考题

1. 如何判定建筑外门窗是否合格？

2. 什么是抗风压性能？

完成任务要求

1. 完成门、窗三性能的检测。

2. 查阅相关资料，能够熟悉门窗保温性能检测。

单元3 地基与基础工程检验

地基基础工程的质量，关系到整个建筑物或构筑物的质量与安全，如果处理不当将关系到千家万户的生命财产安全，需要按照规范规定严格进行检验。

本章从施工工艺、质量标准和质量隐患等方面对无支护土方、有支护土方、地基处理、桩基础、地下防水工程的质量进行详细介绍，使地基基础工程的质量满足规范的规定。

任务1 无支护土方检验

【引导问题】

1. 土按开挖难易程度分为几类？
2. 土的工程性质都有哪些？
3. 降低地下水都有哪些措施？
4. 填土的压实都有哪些方法？

【工作任务】

通过对已完工程的质量进行检验，确定其是否符合验收规范的规定。

【学习参考资料】

1. 《建筑施工技术（第三版）》姚谨英主编
2. 《建筑地基基础工程施工质量验收规范》GB 50202—2002
3. 《建筑工程施工质量验收统一标准》GB 50300—2001
4. 建筑施工手册

一、一般规定

（1）在挖方前，应做好地面排水和降低地下水位工作。

（2）平整场地的表面坡度应符合设计要求，如设计无要求时，排水沟方向的坡度不应小于2‰。平整后的场地表面应逐点检查。检查点为每100～400m² 取1点，但不应少于10点；长度、宽度和边坡均为每20m取1点，每边不应少于1点。

（3）土方工程施工，应经常测量和校核其平面位置、水平标高和边坡坡度。平面控制桩和水准控制点应采取可靠的保护措施，定期复测和检查。

（4）土方不应堆在基坑边缘。

二、土方开挖

（一）检验要点

（1）土方开挖前应检查定位放线、排水和降低地下水位系统，合理安排土方运输车的行走路线及弃土场。

（2）施工过程中应检查平面位置、水平标高、边坡坡度、压实度、排水、降低地下水位系统，并随时观测周围的环境变化。

（3）夜间挖土作业，应根据需要设置照明设施，在危险区域应设置明显警戒标志。

（4）临时性挖方的边坡值应符合表 3-1 的规定。

临时性挖方边坡值　　　　　　　　　　　　　表 3-1

土 的 类 别		边坡值（高：宽）
砂土（不包括细砂、粉砂）		1：1.25～1：1.50
一般性黏土	硬	1：0.75～1：1.00
	硬、塑	1：1.00～1：1.25
	软	1：1.50 或更缓
碎石类土	充填坚硬、硬塑黏性土	1：0.50～1：1.00
	充填砂土	1：1.00～1：1.50

注：1. 设计有要求时，应符合设计标准。
　　2. 如采用降水或其他加固措施，可不受本表限制，但应计算复核。
　　3. 开挖深度，对软土不应超过 4m，对硬土不应超过 8m。

（二）仪器和机具准备

水准仪，经纬仪，靠尺和楔形塞尺，钢卷尺，坡度尺，尼龙线或 20 号钢丝等。

（三）检验标准与方法

土方开挖工程质量检验标准与检验方法见表 3-2。

土方开挖工程质量检验标准与检验方法　　　　　　　表 3-2

项目	序号	检验项目	允许偏差或允许值（mm）					检查方法
			柱基基坑（槽）	挖土场地平整		管沟	地（路）面基层	
				人工	机械			
主控项目	1	标高	−50	±30	±50	−50	−50	水准仪
	2	长度、宽度（由设计中心线向两边量）	+200 −50	+300 −100	+500 −150	+100		经纬仪，用钢尺量
	3	边坡	按设计要求					观察或用坡度尺检查
一般项目	1	表面平整度	20	20	50	20	20	用 2m 靠尺和楔形塞尺检查
	2	基底土性	设计要求					观察或土样分析

注：地（路）面基层的偏差只适用于直接在挖、填方上做地（路）面的基层。

三、土方回填

（一）检验要点

（1）土方回填前应清除基底的垃圾、树根等杂物，抽除坑穴积水、淤泥，验收基底标高。如在耕植土或松土上填方，应在基底压实后再进行。

（2）对填方土料应按设计要求验收后方可填入。

（3）填方施工过程中应检查排水措施，每层填筑厚度、含水量控制、压实程度。填筑厚度及压实遍数应根据土质，压实系数及所用机具确定。如无试验依据，应符合表 3-3 的规定。

填土施工时的分层厚度及压实遍数　　　　　　　　　表 3-3

压实机具	分层厚度 （mm）	每层压实遍数	压实机具	分层厚度 （mm）	每层压实遍数
平碾	250～300	6～8	柴油打夯机	200～250	3～4
振动压实机	250～350	3～4	人工打夯	<200	3～4

（二）仪器和机具准备

水准仪，靠尺和楔形塞尺，钢卷尺，钢钎，大锤等。

（三）检验标准与方法

土方回填工程质量检验标准与检验方法见表 3-4。

土方回填工程质量检验标准与检验方法　　　　　　表 3-4

项目	序号	检验项目	允许偏差或允许值（mm）					检查方法
			柱基基坑（槽）	挖土场地平整		管沟	地（路）面基层	
				人工	机械			
主控项目	1	标高	−50	±30	±50	−50	−50	水准仪
	2	分层压实系数	按设计要求					按规定方法
一般项目	1	回填土料	按设计要求					取样检查或直观鉴别
	2	分层厚度及含水量	按设计要求					水准仪及抽样检查
	3	表面平整度	20	20	30	20	20	用靠尺或水准仪

复习思考题

1. 土方工程开挖施工的要点有哪些？

2. 土方工程开挖质量检验的检验项目有哪些？

3. 土方回填工程质量检验的检验项目有哪些？

4. 土方压实系数如何确定和检验？

完成任务要求

1. 完成开挖后的基槽（坑）的检验和回填后的坑槽检验。

2. 查阅相关资料，熟悉检验工具的使用方法。

任务2 有支护土方检验

【引导问题】

1. 基坑支护结构的形式与分类?
2. 流砂现象及其防治措施有哪些?
3. 基坑支护的破坏形式有哪些?
4. 降低地下水位都有哪些方法?

【工作任务】

通过对已完工程的质量进行检验,确定其是否符合验收规范的规定。

【学习参考资料】

1. 《建筑施工技术》(第三版)姚谨英主编
2. 建筑地基基础工程施工质量验收规范(GB 50202—2002)
3. 建筑工程施工质量验收统一标准(GB 50300—2001)
4. 建筑施工手册
5. 网络资源库

一、一般规定

(1)在基坑(槽)或管沟工程等开挖施工中,现场不宜进行放坡开挖,当可能对邻近建(构)筑物、地下管线、永久性道路产生危害时,应对基坑(槽)、管沟进行支护后再开挖。

(2)基坑(槽)、管沟开挖前,应根据支护结构形式、挖深、地质条件、施工方法、周围环境、工期、气候和地面载荷等资料制定施工方案、环境保护措施、监测方案,经审批后方可施工。

(3)土方工程施工前,应对降水、排水措施进行设计,系统应经检查和试运转,一切正常时方可开始施工。

(4)有关围护结构的施工质量验收合格后方可进行土方开挖。

(5)土方开挖的顺序、方法必须与设计工况相一致,并遵循"开槽支撑,先撑后挖,分层开挖,严禁超挖"的原则。

(6)基坑(槽)、管沟的挖土应分层进行。

(7)在施工过程中基坑(槽)、管沟边堆置土方不应超过设计荷载,挖方时不应碰撞或损伤支护结构、降水设施。

(8)基坑(槽)、管沟土方施工中应对支护结构、周围环境进行观察和监测,如出现异常情况应及时处理,待恢复正常后方可继续施工。

(9)基坑(槽)、管沟开挖至设计标高后,应对坑底进行保护,经验槽合格后,方可进行垫层施工。

二、排桩墙支护工程

(一)检验要点

(1)排桩墙支护的基坑,开挖后应及时支护,每一道支撑施工应确保基坑变形在设计要求的控制范围内。

（2）在含水地层范围内的排桩墙支护基坑，应有确实可靠的止水措施，确保基坑施工及邻近构筑物的安全。

（3）在钢板桩转角和封闭施工时，应按实丈量加工异型转角桩或封闭桩。在打入混凝土板桩时，要注意使楔口互相咬合以使其结合成一个整体。混凝土灌注桩排桩施工和桩基础相同。

（二）仪器和机具准备

钢卷尺，坍落度仪，用沉渣仪或重锤等。

（三）检验标准与方法

灌注桩、预制桩的检验标准应符合规范的规定。钢板桩均为工厂成品，新桩可按出厂标准检验，重复使用的钢板桩应符合表 3-5 的规定，混凝土板桩应符合表 3-6 的规定。

重复使用的钢板桩检验标准　　　　　　　　　　　　　　表 3-5

序号	检　查　项　目	允许偏差或允许值		检　查　方　法
		单位	数值	
1	桩垂直度	％	<1	用钢尺量
2	桩身弯曲度		<2％l	用钢尺量，l 为桩长
3	齿槽平直度及光滑度	无电焊渣或毛刺		用 1m 长的桩段做通过试验
4	桩长度	不小于设计长度		用钢尺量

混凝土板桩制作标准　　　　　　　　　　　　　　　　表 3-6

项目	序号	检　查　项　目	允许偏差或允许值		检　查　方　法
			单位	数值	
主控项目	1	桩长度	mm	+10 0	用钢尺量
	2	桩身弯曲度		<0.1％l	用钢尺量，l 为桩长
一般项目	1	保护层厚度	mm	±5	用钢尺量
	2	模截面相对两面之差	mm	5	用钢尺量
	3	桩尖对桩轴线的位移	mm	10	用钢尺量
	4	桩厚度	mm	+10 0	用钢尺量
	5	凹凸槽尺寸	mm	±3	用钢尺量

三、地下连续墙

1. 检验要点

（1）地下墙施工前宜先试成槽，以检验泥浆的配比、成槽机的选型并可复核地质资料。

（2）地下连续墙均应设置导墙，导墙形式有预制及现浇两种，现浇导墙形状有"L"形或倒"L"形,可根据不同土质选用。

(3)地下墙槽段间的连接接头形式,应根据地下墙的使用要求选用,且应考虑施工单位的经验,无论选用何种接头,在浇筑混凝土前,接头处必须刷洗干净,不留任何泥砂或污物。

(4)地下墙与地下室结构顶板、楼板、底板及梁之间连接可预埋钢筋或接驳器(锥螺纹或直螺纹),对接驳器也应按原材料检验要求,抽样复验。

(5)施工前应检验进场的钢材、电焊条。已完工的导墙应检查其净空尺寸,墙面平整度与垂直度。检查泥浆用的仪器、泥浆循环系统应完好。

(6)施工中应检查成槽的垂直度、槽底的淤积物厚度、泥浆比重、钢筋笼尺寸、浇筑导管位置、混凝土上升速度、浇筑面标高、地下墙连接面的清洗程度、商品混凝土的坍落度、锁口管或接头箱的拔出时间及速度等。

(7)成槽结束后应对成槽的宽度、深度及倾斜度进行检验。

(8)永久性结构的地下墙,在钢筋笼沉放后,应做二次清孔,沉渣厚度应符合要求。

(9)作为永久性结构的地下连续墙,土方开挖后应进行逐段检查。

(二)仪器和机具准备

水准仪,钢卷尺,测声波测槽仪,重锤或沉积物测定仪,坍落度测定器等。

(三)检验标准与方法

地下墙的钢筋笼检验标准应符合规范的规定,其他质量检验标准与检验方法见表3-7。

地下墙质量检验标准与检验方法　　　　　　　　　　表3-7

项目	序号	检查项目		允许偏差或允许值		检查方法
				单位	数值	
主控项目	1	墙体强度		按设计要求		查试件记录或取芯试压
	2	垂直度:永久结构 临时结构			1/300 1/150	测声波测槽仪或成槽机上的监测系统
一般项目	1	导墙尺寸	宽度	mm	W+40	用钢尺量,W 为地下墙设计厚度
			墙面平整度	mm	<5	用钢尺量
			导墙平面位置	mm	±10	用钢尺量
	2	沉渣厚度:永久结构 临时结构		mm mm	≤100 ≤200	重锤测或沉积物测定仪测
	3	槽深		mm	+100	重锤测
	4	混凝土坍落度		mm	180～220	坍落度测定器
	5	钢筋笼尺寸		见规范		见规范
	6	地下墙表面平整度	永久结构	mm	<100	此为均匀黏土层,松散及易坍土层由设计决定
			临时结构	mm	<150	
			插入式结构	mm	<20	
	7	永久结构时的预埋件位置	水平向	mm	≤10	用钢尺量水准仪
			垂直向	mm	≤20	

四、锚杆及土钉墙支护工程

（一）检验要点

（1）锚杆及土钉墙支护工程施工前应熟悉地质资料、设计图纸及周围环境，降水系统应确保正常工作，必须的施工设备如挖掘机、钻机、压浆泵、搅拌机等应能正常运转。

（2）锚杆及土钉墙支护应遵循分段开挖、分段支护的原则，不宜按一次挖就再行支护的方式施工。

（3）施工中应对锚杆或土钉位置，钻孔直径、深度及角度，锚杆或土钉插入长度，注浆配比、压力及注浆量，喷锚墙面厚度及强度、锚杆或土钉应力等进行检查。

（4）每段支护体施工完后，应检查坡顶或坡面位移，坡顶沉降及周围环境变化，如有异常情况应采取措施，放慢施工速度，恢复正常后方可继续施工。

（二）仪器和机具准备

钢卷尺，测角器等。

（三）检验标准与方法

锚杆及土钉墙支护工程质量检验标准与检验方法见表 3-8。

锚杆及土钉墙支护工程质量检验标准与检验方法 表 3-8

项目	序号	检查项目	允许偏差或允许值		检查方法
			单位	数值	
主控项目	1	锚杆土钉长度	mm	±30	用钢尺量
	2	锚杆锁定力	按设计要求		现场实测
一般项目	1	锚杆或土钉位置	mm	±100	用钢尺量
	2	钻孔倾斜度	°	±1	测钻机倾角
	3	浆体强度	按设计要求		试样送检
	4	注浆量	大于理论计算浆量		检查计量数据
	5	土钉墙面厚度	mm	±10	用钢尺量
	6	墙体强度	按设计要求		试样送检

复习思考题

1. 排桩墙支护结构有哪些结构？

2. 地下连续墙施工时检查哪些项目？

3. 地下连续墙导墙的形式有哪些？

4. 锚杆及土钉墙支护工程质量检验的检验项目有哪些？

完成任务要求

1. 完成支护结构的检验（任选一种）。

2. 查阅相关资料，熟悉沉井与沉箱、降水与排水的质量检验。

任务3　地基处理检验

【引导问题】

1. 地基如何进行分类？

2. 常见不良地基的类型有哪些？

3. 地基处理的方式有哪些？

【工作任务】

通过对已完工程的质量进行检验，确定其是否符合验收规范的规定。

【学习参考资料】

1. 《建筑施工技术》（第三版）姚谨英主编

2. 建筑地基基础工程施工质量验收规范 GB 50202—2002

3. 建筑工程施工质量验收统一标准 GB 50300—2001

4. 建筑施工手册

一、一般规定

（1）建筑物地基的施工应具备下述资料：

1）岩土工程勘察资料。

2）临近建筑物和地下设施类型、分布及结构质量情况。

3）工程设计图纸、设计要求及需达到的标准，检验手段。

（2）砂、石子、水泥、钢材、石灰、粉煤灰等原材料的质量、检验项目、批量和检验方法，应符合国家现行标准的规定。

（3）地基加固工程，应在正式施工前进行试验段施工，论证设定的施工参数及加固效果。为验证加固效果所进行的载荷试验，其施加载荷应不低于设计载荷的2倍。

（4）地基施工结束，宜在一个间歇期后，进行质量验收，间歇期由设计确定。

（5）对灰土地基、砂和砂石地基、土工合成材料地基、粉煤灰地基、强夯地基、注浆地基、预压地基，其竣工后的结果（地基强度或承载力）必须达到设计要求的标准。检验数量为每单位工程不应少于3点，1000m² 以上工程，每100m² 至少应有1点，3000m² 以上工程，每300m² 至少应有1点。每一独立基础下至少应有1点，基槽每20延米应有1点。

（6）对水泥土搅拌桩复合地基、高压喷射注浆桩复合地基、砂桩地基、振冲桩复合地基、土和灰土挤密桩复合地基、水泥粉煤灰碎石桩复合地基及夯实水泥土桩复合地基，其承载力检验，数量为总数的 0.5%～1%，但不应少于3处。有单桩强度检验要求时，数量为总数的 0.5%～1%，但不应少于3根。

二、灰土地基

（一）检验要点

（1）灰土土料、石灰或水泥（当水泥替代灰土中的石灰时）等材料及配合比应符合设计要求，灰土应搅拌均匀。

（2）施工过程中应检查分层铺设的厚度、分段施工时上下两层的搭接长度、夯实时加水量、夯压遍数、压实系数。

（3）施工结束后，应检验灰土地基的承载力。

（二）仪器和机具准备

水准仪，筛子等。

（三）检验标准与方法

灰土地基的检验标准和检验方法见表3-9。

灰土地基的检验标准 表3-9

项目	序号	检查项目	允许偏差或允许值		检查方法
			单位	数值	
主控项目	1	地基承载力	按设计要求		按规定方法
	2	配合比	按设计要求		按拌合时的体积比
	3	压实系数	按设计要求		现场实测
一般项目	1	石灰粒径	mm	≤5	筛分法
	2	土料有机质含量	%	≤5	试验室焙烧法
	3	土颗粒粒径	mm	≤15	筛分法
	4	含水量（与要求的最优含水量比较）	%	±2	烘干法
	5	分层厚度偏差（与设计要求比较）	mm	±50	水准仪

三、砂和砂石地基

（一）检验要点

（1）砂、石等原材料质量、配合比应符合设计要求，砂、石应搅拌均匀。

（2）施工过程中必须检查分层厚度、分段施工时搭接部分的压实情况、加水量、压实遍数、压实系数。每层铺设厚度、捣实方法可参照表3-10的规定。

砂和砂石地基压实施工中每层铺筑厚度及最优含水量 表3-10

序号	压实方法	每层铺筑厚度（mm）	施工时的最优含水量（%）	施工说明	备注
1	平振法	200～250	15～20	用平板式振捣器往复振捣	不宜应用于干细砂或含泥量较大的砂所铺筑的砂地基
2	插振法	振捣器插入深度	饱和	（1）用插入式振捣器 （2）插入点间距可根据机械振幅大小决定 （3）不应插至下卧黏性土层 （4）插入振捣完毕后，所留的孔洞，应用砂填实	不宜使用于细砂或含泥量较大的砂所铺筑的砂地基

序号	压实方法	每层铺筑厚度（mm）	施工时的最优含水量（%）	施工说明	备 注
3	水撼法	250	饱和	（1）注水高度应超过每次铺筑面层 （2）用钢叉摇撼捣实插入点间距为100mm （3）钢叉分四齿，齿的间距80mm，长300mm，木柄长90mm	
4	夯实法	150～200	饱和	（1）用木夯或机械夯 （2）木夯重40kg，落距400～500mm （3）一夯压半夯全面夯实	
5	碾压法	250～350	8～12	6～12t压路机往复碾压	适用于大面积施工的砂和砂石地基

注：在地下水位以下的地基其最下层的铺筑厚度可比上表增加50mm。

（3）施工结束后，应检验砂石地基的承载力。

（二）仪器和机具准备

水准仪，筛子等。

（三）检验标准与方法

砂和砂石地基质量检验标准与检验方法见表3-11。

砂和砂石地基质量检验标准与检验方法　　　　　表 3-11

项目	序号	检查项目	允许偏差或允许值		检 查 方 法
			单位	数值	
主控项目	1	地基承载力	按设计要求		按规定方法
	2	配合比	按设计要求		检查拌合时的体积比或重量比
	3	压实系数	按设计要求		现场实测
一般项目	1	砂石料有机质含量	%	≤5	焙烧法
	2	砂石料含泥量	%	≤5	水洗法
	3	石料粒径	mm	≤100	筛分法
	4	含水量（与最优含水量比较）	%	±2	烘干法
	5	分层厚度（与设计要求比较）	mm	±50	水准仪

四、强夯地基

（一）检验要点

（1）施工前应检查夯锤重量、尺寸，落距控制手段，排水设施及被夯地基的土质。

（2）施工中应检查落距、夯击遍数、夯点位置、夯击范围。

（3）施工结束后，检查被夯地基的强度并进行承载力检验。

（二）仪器和机具准备

钢卷尺，钢钎等。

（三）检验标准与方法

强夯地基质量检验标准与检验方法见表3-12。

强夯地基质量检验标准与检验方法　　　　　　　表3-12

项目	序号	检查项目	允许偏差或允许值		检查方法
			单位	数值	
主控项目	1	地基强度	按设计要求		按规定方法
	2	地基承载力	按设计要求		按规定方法
一般项目	1	夯锤落距	mm	±300	钢索设标志
	2	锤重	kg	±100	称重
	3	夯击遍数及顺序	设计要求		计数法
	4	夯点间距	mm	±500	用钢尺量
	5	夯击范围（超出基础范围距离）	按设计要求		用钢尺量
	6	前后两遍间歇时间	按设计要求		秒表

五、预压地基

（一）检验要点

（1）施工前应检查施工监测措施，沉降、孔隙水压力等原始数据，排水设施，砂井（包括袋装砂井）、塑料排水带等位置。

（2）堆载施工应检查堆载高度、沉降速率。

（3）真空预压施工应检查密封膜的密封性能、真空表读数等。

（4）施工结束后，应检查地基土的强度及要求达到的其他物理力学指标，重要建筑物地基应做承载力检验。

（二）仪器和机具准备

水准仪，经纬仪，钢卷尺等。

（三）检验标准与方法

预压地基和塑料排水带质量检验标准与检验方法见表3-13。

预压地基和塑料排水带质量检验标准与检验方法　　　　　表3-13

项目	序号	检查项目	允许偏差或允许值		检查方法
			单位	数值	
主控项目	1	预压载荷	%	≤2	水准仪
	2	固结度（与设计要求比）	%	≤2	根据设计要求采用不同的方法
	3	承载力或其他性能指标	按设计要求		按规定方法

项目	序号	检查项目	允许偏差或允许值		检查方法
			单位	数值	
一般项目	1	沉降速率（与控制值比）	％	±10	水准仪
	2	砂井或塑料排水带位置	mm	±100	用钢尺量
	3	砂井或塑料排水带插入深度	mm	±200	插入时用经纬仪检查
	4	插入塑料排水带时的回带长度	mm	≤500	用钢尺量
	5	塑料排水带或砂井高出砂垫层距离	mm	≥200	用钢尺量
	6	插入塑料排水带的回带根数	％	＜5	目测

注：如真空预压，主控项目中预压载荷的检查为真空度降低值＜2％。

六、注浆地基

（一）检验要点

（1）施工前应掌握有关技术文件（注浆点位置、浆液配比、注浆施工技术参数、检测要求等）。

（2）浆液组成材料的性能应符合设计要求，注浆设备应确保正常运转。

（3）施工中应经常抽查浆液的配比及主要性能指标，注浆的顺序、注浆过程中的压力控制等。

（4）施工结束后，应检查注浆体强度、承载力等。检验应在注浆后 15d（砂土、黄土）或 60d（黏性土）进行。检查孔数为总量的 2％～5％，不合格率大于或等于 20％时应进行二次注浆。

（二）仪器和机具准备

钢卷尺等。

（三）检验标准与方法

注浆地基质量检验标准与检验方法见表 3-14。

注浆地基质量检验标准与检验方法　　　　　　　　　表 3-14

项目	序号	检查项目		允许偏差或允许值		检查方法
				单位	数值	
主控项目	1	原材料检验	水泥	按设计要求		查产品合格证书或抽样送检
			注浆用砂：粒径	mm	＜2.5	试验室试验
			细度模数		＜2.0	
			含泥量及有机物含量	％	＜3	

续表

项目	序号	检查项目	允许偏差或允许值		检查方法
			单位	数值	
主控项目	1	原材料检验　注浆用黏土：塑性指数		＞14	试验室试验
		黏粒含量	％	＞25	
		含砂量	％	＜5	
		有机物含量	％	＜3	
		粉煤灰：细度	不粗于同时使用的水泥		试验室试验
		烧失量	％	＜3	
		水玻璃：模数	2.5～3.3		抽样送检
		其他化学浆液	按设计要求		查产品合格证书或抽样送检
	2	注浆体强度	按设计要求		取样检验
	3	地基承载力	按设计要求		按规定方法
一般项目	1	各种注浆材料称量误差	％	＜3	抽查
	2	注浆孔位	mm	±20	用钢尺量
	3	注浆孔深	mm	±100	量测注浆管长度
	4	注浆压力（与设计参数比）	％	±10	检查压力表读数

七、砂桩地基

（一）检验要点

（1）施工前应检查砂料的含泥量及有机质含量、样桩的位置等。

（2）施工中检查每根砂桩的桩位、灌砂量、标高、垂直度等。

（3）施工结束后，应检验被加固地基的强度或承载力。

（二）仪器和机具准备

水准仪，经纬仪，钢尺等。

（三）检验标准与方法

砂桩地基质量检验标准与检验方法见表3-15。

砂桩地基质量检验标准与检验方法　　　　　　　　表3-15

项目	序号	检查项目	允许偏差或允许值		检查方法
			单位	数值	
主控项目	1	灌砂量	％	≥95	实际用砂量与计算体积比
	2	地基强度	按设计要求		按规定方法
	3	地基承载力	按设计要求		按规定方法
一般项目	1	砂料的含泥量	％	≤3	试验室测定
	2	砂料的有机质含量	％	≤5	焙烧法
	3	桩位	mm	≤50	用钢尺量
	4	砂桩标高	mm	±150	水准仪
	5	垂直度	％	≤1.5	经纬仪检查桩管垂直度

复习思考题

1. 灰土地基施工过程中检查哪些内容？
2. 砂石地基压实的方法有哪些？
3. 强夯地基的检查要点有哪些？
4. 砂桩地基的检验要点有哪些？

完成任务要求

1. 完成地基处理的检验（任选一种）。
2. 查阅相关资料，熟悉振冲地基、水泥土搅拌桩、挤密桩等地基的质量检验。

任务 4　桩基础检验

【引导问题】
1. 桩基础的分类方法？
2. 预制桩的类型及其选择？
3. 灌注桩的类型及其选择？

【工作任务】
通过对已完工程的质量进行检验，确定其是否符合验收规范的规定。

【学习参考资料】
1.《建筑施工技术（第三版）》姚谨英主编
2.《建筑地基基础工程施工质量验收规范》GB 50202—2002
3.《建筑工程施工质量验收统一标准》GB 50300—2001
4. 建筑施工手册

一、一般规定

（1）当桩顶设计标高与施工场地标高相同时，或桩基施工结束后，有可能对桩位进行检查时，桩基工程的验收应在施工结束后进行。

（2）当桩顶设计标高低于施工场地标高，送桩后无法对桩位进行检查时，对打入桩可在每根桩桩顶沉至场地标高时，进行中间验收，待全部桩施工结束，承台或底板开挖到设计标高后，再做最终验收。对灌注桩可对护筒位置做中间验收。

（3）打（压）入桩（预制混凝土方桩、先张法预应力管桩、钢桩）的桩位偏差，必须符合表 3-16 的规定。

（4）灌注桩的桩位偏差必须符合表 3-17 的规定，桩顶标高至少要比设计标高高出 0.5m。

（5）工程桩应进行承载力检验。对于地基基础设计等级为甲级或地质条件复杂，成桩质量可靠性低的灌注桩，应采用静载荷试验的方法进行检验，检验桩数不应少于总数的 1%，且不应少于 3 根，当总桩数少于 50 根时，不应少于 2 根。

预制桩（钢桩）桩位的允许偏差（mm）　　　　　　　　　　表 3-16

序号	项　目	允　许　偏　差
1	盖有基础梁的桩 (1) 垂直基础梁的中心线 (2) 沿基础梁的中心线	$100+0.01H$ $150+0.01H$
2	桩数为 1～3 根桩基中的桩	100
3	桩数为 4～16 根桩基中的桩	1/2 桩径或边长
4	桩数大于 16 根桩基中的桩 (1) 最外边的桩 (2) 中间桩	1/3 桩径或边长 1/2 桩径或边长

注：H 为施工现场地面标高与桩顶设计标高的距离。

灌注桩的平面位置和垂直度的允许偏差　　　　　　　　　　表 3-17

序号	成孔方法		桩径允许偏差（mm）	垂直度允许偏差（%）	桩位允许偏差（mm）	
					1～3 根、单排桩基垂直于中心线方向和群桩基础的边桩	条形桩基沿中心线方向和群桩基础的中间桩
1	泥浆护壁钻孔桩	$D \leqslant 1000mm$	± 50	<1	$D/6$，且不大于 100	$D/4$，且不大于 150
		$D > 1000mm$	± 50		$100+0.01H$	$150+0.01H$
2	套管成孔灌注桩	$D \leqslant 500mm$	-20	<1	70	150
		$D > 500mm$			100	150
3	干成孔灌注桩		-20	<1	70	150
4	人工挖孔桩	混凝土护壁	$+50$	<0.5	50	150
		钢套管护壁	$+50$	<1	100	200

注：1. 桩径允许偏差的负值是指个别断面。
　　2. 采用复打、反插法施工的桩，其桩径允许偏差不受上表限制。
　　3. H 为施工现场地面标高与桩顶设计标高的距离，D 为设计桩径。

（6）桩身质量应进行检验。对设计等级为甲级或地质条件复杂，成桩质量可靠性低的灌注桩，抽检数量不应少于总数的 30%，且不应少于 20 根；其他桩基工程的抽检数量不应少于总数的 20%，且不应少于 10 根；对混凝土预制桩及地下水位以上且终孔后经过核验的灌注桩，检验数量不应少于总桩数的 10%，且不得少于 10 根。每个柱子承台下不得少于 1 根。

二、静力压桩

（一）检验要点

（1）施工前应对成品桩做外观及强度检验。

（2）接桩用焊条或半成品硫磺胶泥应有产品合格证书，或送有关部门检验，压桩用压力表、锚杆规格及质量也应进行检查。

（3）压桩过程中应检查压力、桩垂直度、接桩间歇时间、桩的连接质量及压入深度。重要工程应对电焊接桩的接头做 10％的探伤检查。对承受反力的结构应加强观测。

（4）施工结束后，应做桩的承载力及桩体质量检验。

（二）仪器和机具准备

水准仪，秒表，钢卷尺等。

（三）检验标准与方法

锚杆静压桩质量检验标准与检验方法见表 3-18。

静压桩质量检验标准 　　　　　　　　　　　　表 3-18

项目	序号	检查项目	允许偏差或允许值		检查方法
			单位	数值	
主控项目	1	桩体质量检验	按基桩检测技术规范		按基桩检测技术规范
	2	桩位偏差	按规范		用钢尺量
	3	承载力	按基桩检测技术规范		按基桩检测技术规范
一般项目	1	成品桩质量：外观 外形尺寸强度	表面平整，颜色均匀，掉角深度＜10mm，蜂窝面积小于总面积 0.5％		直观
			规范		见规范
			满足设计要求		查产品合格证书或钻芯试压
	2	硫磺胶泥质量（半成品）	按设计要求		查产品合格证书或抽样送检
	3	接桩 电焊接桩：焊缝质量	按规范		见规范
		电焊结束后停歇时间	min	＞1.0	秒表测定
		硫磺胶泥接桩 胶泥浇注时间	min	＜2	秒表测定
		浇筑后停歇时间	min	＞7	秒表测定
	4	电焊条质量	按设计要求		查产品合格证书
	5	压桩压力（设计有要求时）	％	±5	查压力表读数
	6	接桩时上下节平面偏差接桩时节点弯曲矢高	mm	＜10 ＜1/1000l	用钢尺量 用钢尺量，l 为两节桩长
	7	桩顶标高	mm	±50	水准仪

三、先张法预应力管桩

（一）检验要点

（1）施工前应检查进入现场的成品桩，接桩用电焊条等产品质量。

（2）施工过程中应检查桩的贯入情况、桩顶完整状况、电焊接桩质量、桩体垂直度、电焊后的停歇时间。重要工程应对电焊接头做 10％的焊缝探伤检查。

（3）施工结束后，应做承载力检验及桩体质量检验。

（二）仪器和机具准备

水准仪，秒表，钢卷尺等。

（三）检验标准与方法

先张法预应力管桩质量检验标准与检验方法见表 3-19。

先张法预应力管桩质量检验标准与检验方法　　　　表 3-19

项目	序号	检查项目		允许偏差或允许值		检查方法
				单位	数值	
主控项目	1	桩体质量检验		按基桩检测技术规范		按基桩检测技术规范
	2	桩位偏差		按规范		用钢尺量
	3	承载力		按基桩检测技术规范		按基桩检测技术规范
一般项目	1	成品桩质量	外观	无蜂窝、露筋、裂缝、色感均匀、桩顶处无孔隙		直观
			桩径	mm	±5	用钢尺量
			管壁厚度	mm	±5	用钢尺量
			桩尖中心线	mm	<2	用钢尺量
			顶面平整度	mm	10	用水平尺量
			桩体弯曲	mm	<1/1000l	用钢尺量，l 为桩长
	2	接桩：焊缝质量		见规范		见规范
		电焊结束后停歇时间		min	>1.0	秒表测定
		上下节平面偏差		mm	<10	用钢尺量
		节点弯曲矢高			<1/1000l	用钢尺量，l 为两节桩长
	3	停锤标准		按设计要求		现场实测或查沉桩记录
	4	桩顶标高		mm	±50	水准仪

四、钢筋混凝土预制桩

（一）检验要点

（1）桩在现场预制时，应对原材料、钢筋骨架、混凝土强度进行检查；采用工厂生产的成品桩时，桩进场后应进行外观及尺寸检查。

（2）施工中应对桩体垂直度、沉桩情况、桩顶完整状况、接桩质量等进行检查，对电焊接桩，重要工程应做 10％的焊缝探伤检查。

（3）施工结束后，应对承载力及桩体质量做检验。

（二）仪器和机具准备

水平尺，秒表，钢卷尺等。

（三）检验标准与方法

钢筋混凝土预制桩质量检验标准与检验方法见表 3-20。

钢筋混凝土预制桩的质量检验标准 表 3-20

项目	序号	检查项目	允许偏差或允许值		检查方法
			单位	数值	
主控项目	1	桩体质量检验	按基桩检测技术规范		按基桩检测技术规范
	2	桩位偏差	见预制桩（钢桩）桩位的允许偏差表		用钢尺量
	3	承载力	按基桩检测技术规范		按基桩检测技术规范
一般项目	1	砂、石、水泥、钢材等原材料（现场预制时）	符合设计要求		查出厂合格证书或抽样送检
	2	混凝土配合比及强度（现场预制时）	符合设计要求		检查、称量及检查试块记录
	3	成品桩外形	表面平整，颜色均匀，掉角深度小于10mm，蜂窝面积小于总面积的0.5%		观察
	4	成品桩裂缝（收缩裂缝或起吊、装运、堆放引起的裂缝）	深度小于20mm，宽度小于0.25mm，横向裂缝不超过边长的一半		裂缝测定仪，该项在地下水有侵蚀地区和锤击数超过500击的长桩时不适用
	5	成品桩尺寸：横截面边长	±5mm		用钢尺量
		桩顶对角线差	<10mm		用钢尺量
		桩尖中心线	<10mm		用钢尺量
		桩身弯曲矢高	<1/1000l		用钢尺量，l为桩长
		桩顶平整度	<2mm		用水平尺量
	6	电焊接桩焊缝质量	见钢桩施工质量检验标准表		
		电焊结束后停歇时间	min	>1.0	秒表测定
		上下节平面偏差	mm	<10	用钢尺量
		节点弯曲矢高		<1/1000l	用钢尺量，l为两节桩长
	7	硫磺胶泥接桩：胶泥浇筑时间	min	<2	秒表测定
		浇筑后停歇时间	min	>7	秒表测定
	8	桩顶标高	mm	±50	水准仪
	9	停锤标准	按设计要求		现场实测或查沉桩记录

五、混凝土灌注桩

（一）检验要点

（1）施工前应对水泥、砂、石子（如现场搅拌）、钢材等原材料进行检查，对施工组织设计中制定的施工顺序、监测手段（包括仪器、方法）也应检查。

（2）施工中应对成孔、清渣、放置钢筋笼、灌注混凝土等进行全过程检查，人工挖孔桩尚应复验孔底持力层土（岩）性。嵌岩桩必须有桩端持力层的岩性报告。

（3）施工结束后，应检查混凝土强度，并应做桩体质量及承载力的检验。

（二）仪器和机具准备

水准仪，坍落度仪，沉渣仪，比重计，钢卷尺等。

（三）检验标准与方法

混凝土灌注桩质量检验标准与检验方法见表 3-21、表 3-22。

混凝土灌注桩钢筋笼质量检验标准 表 3-21

项目	序号	检查项目	允许偏差或允许值（mm）	检查方法
主控项目	1	主筋间距	±10	用钢尺量
	2	长度	±100	用钢尺量
一般项目	1	钢筋材质检验	设计要求	抽样送检
	2	箍筋间距	±20	用钢尺量
	3	直径	±10	用钢尺量

混凝土灌注桩质量检验标准 表 3-22

项目	序号	检查项目	允许偏差或允许值		检查方法
			单位	数值	
主控项目	1	桩位	见灌注桩的平面位置和垂直度的允许偏差表		基坑开挖前量护筒，开挖后量桩中心
	2	孔深	mm	+300	只深不浅，用重锤测，或测钻杆、套管长度，嵌岩桩应确保进入设计要求的嵌岩深度
	3	桩体质量检验	按基桩检测技术规范。如钻芯取样，大直径嵌岩桩应钻至桩尖下 50cm		按基桩检测技术规范
	4	混凝土强度	设计要求		试件报告或钻芯取样送检
	5	承载力	按基桩检测技术规范		按基桩检测技术规范
一般项目	1	垂直度	见灌注桩的平面位置和垂直度的允许偏差		测大管或钻杆，或用超声波探测，干施工时吊垂球
	2	桩径	见灌注桩的平面位置和垂直度的允许偏差表		井径仪或超声波检测，干施工时吊垂球
	3	泥浆相对密度（黏土或砂性土中）	1.15～1.20		用比重计测，清孔后在距孔底 50cm 处取样

项目	序号	检查项目	允许偏差或允许值		检查方法
			单位	数值	
一般项目	4	泥浆面标高（高于地下水位）	m	0.5～1.0	目测
	5	沉渣厚度：端承桩 摩擦桩	mm mm	≤50 ≤150	用沉渣仪或重锤测量
	6	混凝土坍落度：水下灌注 干施工	mm mm	160～220 70～100	坍落度仪
	7	钢筋笼安装深度	mm	±100	用钢尺量
	8	混凝土充盈系数		＞1	检查每根桩的实际灌注量
	9	桩顶标高	mm	+30 -50	水准仪，需扣除桩顶浮浆层及劣质桩体

复习思考题

1. 桩身进行质量检验的抽检数量如何确定？

2. 静力压桩和先张法预应力管桩的检验要点分别是什么？

3. 钢筋混凝土预制桩检验的主控项目有哪些？

4. 混凝土灌注桩检验的主控项目有哪些？

完成任务要求

1. 完成施工后的桩基础的检验。

2. 查阅相关资料，熟悉检验工具的使用方法。

任务5 地下防水工程

【引导问题】

1. 地下工程的防水原则是什么？

2. 地下工程防水等级的划分和设防标准？

3. 地下工程防水的做法有哪些？

【工作任务】

通过对已完工程的质量进行检验，确定其是否符合验收规范的规定。

【学习参考资料】

1. 《建筑施工技术》（第三版）姚谨英主编

2. 地下防水工程施工质量验收规范（GB 50208—2002）

3. 建筑工程施工质量验收统一标准（GB 50300—2001）

4. 建筑施工手册

一、一般规定

（1）地下防水工程施工前，施工单位应进行图纸会审，掌握工程主体及细部构造的防水技术要求，并编制防水工程的施工方案。

（2）地下防水工程的施工，应建立各道工序的自检、交接检和专职人员检查的"三检"制度，并有完整的检查记录。未经建设（监理）单位对上道工序的检查确认，不得进行下道工序的施工。

（3）地下防水工程必须由相应资质的专业防水队伍进行施工；主要施工人员应持有建设行政主管部门或其指定单位颁发的执业资格证书。

（4）地下防水工程所使用的防水材料，应有产品的合格证书和性能检测报告，材料的品种、规格、性能等应符合现行国家产品标准和设计要求。不合格的材料不得在工程中使用。

（5）地下防水工程施工期间，明挖法的基坑以及暗挖法的竖井、洞口，必须保持地下水位稳定在基底 0.5m 以下，必要时应采取降水措施。

二、防水混凝土

（一）检验要点

（1）拌制混凝土所用材料的品种、规格和用量，每工作班检查不应少于两次。每盘混凝土各组成材料计量结果的偏差应符合表 3-23 的规定。

混凝土组成材料计量结果的允许偏差（％）　　　　表 3-23

混凝土组成材料	每盘计量	累计计量	混凝土组成材料	每盘计量	累计计量
水泥、掺合料	±2	±1	水、外加剂	±2	±1
粗、细骨料	±3	±2			

注：累计计量仅适用于微机控制计量的搅拌站。

（2）混凝土在浇筑地点的坍落度，每工作班至少检查两次。

（3）防水混凝土抗渗性能，应采用标准条件下养护混凝土抗渗试件的试验结果评定。试件应在浇筑地点制作。

（4）防水混凝土的施工质量检验数量，应按混凝土外露面积每 $100m^2$ 抽查 1 处，每处 $10m^2$，且不得少于 3 处；细部构造应按全数检查。

（二）仪器和机具准备

刻度放大镜，钢卷尺等。

（三）检验标准与方法

防水混凝土质量检验标准与方法见表 3-24。

三、水泥砂浆防水层

（一）检验要点

（1）普通水泥砂浆防水层的配合比应符合规定；掺外加剂、掺合料、聚合物水泥砂浆的配合比应符合所掺材料的规定。

防水混凝土质量检验标准与方法　　　　　　表 3-24

项目	序号	检 查 项 目	允许偏差或允许值	检 查 方 法
主控项目	1	原材料、配合比及坍落度	设计要求	检查出厂合格证、质量检验报告、计量措施和现场抽样试验报告
	2	抗压强度、抗渗压力	设计要求	检查混凝土抗压、抗渗试验报告
	3	细部做法	按验收规范	观察检查和检查隐蔽工程验收记录
一般项目	1	表面质量	按验收规范	观察和尺量检查
	2	裂缝宽度	≤0.2mm 并不得贯通	用刻度放大镜检查
	3	防水混凝土结构厚度 ≥250mm　迎水面保护层 50mm	+15 −10 ±10mm	尺量检查和检查隐蔽工程验收记录

（2）水泥砂浆铺抹前，基层的混凝土和砌筑砂浆强度应不低于设计值的 80%；基层表面应坚实、平整、粗糙、洁净，并充分湿润，无积水；基层表面的孔洞、缝隙应用与防水层相同的砂浆填塞抹平。

（3）分层铺抹或喷涂，铺抹时应压实、抹平和表面压光；防水层各层应紧密贴合，每层宜连续施工，必须留施工缝时应采用阶梯坡形槎，但离开阴阳角处不得小于 200mm；防水层的阴阳角处应做成圆弧形；水泥砂浆终凝后应及时进行养护。

（4）水泥砂浆防水层的施工质量检验数量，应按施工面积每 100m² 抽查 1 处，每处 10m²，且不得少于 3 处。

（二）仪器和机具准备

小锤，钢卷尺等。

（三）检验标准与方法

水泥砂浆防水层施工质量检验标准与检验方法见表 3-25。

水泥砂浆防水层施工质量检验标准与检验方法　　　表 3-25

项目	序号	检 查 项 目	允许偏差或允许值	检 查 方 法
主控项目	1	原材料及配合比	按设计要求	检查出厂合格证、质量检验报告、计量措施和现场抽样试验报告
	2	结合牢固	按验收规范	观察和用小锤轻击检查
一般项目	1	表面质量	按验收规范	观察
	2	留槎、接槎	按验收规范	观察检查和检查隐蔽工程验收记录
	3	防水层厚度（设计值）	≥85%	观察和尺量检查

四、卷材防水层工程

（一）检验要点

（1）铺贴防水卷材前，应将找平层清扫干净，在基面上涂刷基层处理剂；当基面较潮湿时，应涂刷湿固化型胶粘剂或潮湿界面隔离剂。

（2）防水卷材厚度选用应符合规定。两幅卷材短边和长边的搭接宽度均不应小于 100mm。采用多层卷材时，上下两层和相邻两幅卷材的接缝应错开 1/3 幅宽，且两层卷材不得相互垂直铺贴。

（3）卷材防水层的施工质量检验数量，应按铺贴面积每 100m² 抽查 1 处，每处 10m²，且不得少于 3 处。

（二）仪器和机具准备

钢卷尺等。

（三）检验标准与方法

卷材防水层施工质量检验标准与检验方法见表 3-26。

卷材防水层施工质量检验标准与检验方法　　　　　　表 3-26

项目	序号	检查项目	允许偏差或允许值	检查方法
主控项目	1	卷材及配套材料质量	按设计要求	检查出厂合格证、质量检验报告和现场抽样试验报告
	2	细部做法	按设计要求	观察和检查隐蔽工程验收记录
一般项目	1	基层质量	按验收规范	观察和检查隐蔽工程验收记录
	2	卷材搭接缝	按验收规范	观察
	3	保护层	按验收规范	观察
	4	卷材搭接宽度	−10mm	观察和尺量检查

五、涂料防水层施工

（一）检验要点

1. 涂料涂刷前应先在基面上涂一层与涂料相容的基层处理剂。

2. 涂膜应多遍完成，涂刷应待前遍涂层干燥成膜后进行；每遍涂刷时应交替改变涂层的涂刷方向，同层涂膜的先后搭槎宽度宜为 30～50mm；涂料防水层的施工缝（甩槎）应注意保护，搭接缝宽度应大于 100mm，接涂前应将其甩槎表面处理干净；涂料防水层中铺贴的胎体增强材料，同层相邻的搭接宽度应大于 100mm，上下层接缝应错开 1/3 幅宽。

3. 涂料防水层的施工质量检验数量，应按涂层面积每 100m² 抽查 1 处，每处 10m²，且不得少于 3 处。

（二）仪器和机具准备

针或卡尺等。

（三）检验标准与方法

涂料防水层施工质量检验标准与检验方法见表 3-27。

涂料防水层施工质量检验标准与检验方法

表 3-27

项目	序号	检 查 项 目	允许偏差或允许值	检 查 方 法
主控项目	1	涂料质量及配合比	按设计要求	检查出厂合格证、质量检验报告、计量措施和现场抽样试验报告
	2	细部做法	按设计要求	观察检查和检查隐蔽工程验收记录
一般项目	1	基层质量	按验收规范	观察检查和检查隐蔽工程验收记录
	2	表面质量	按验收规范	观察
	3	涂料层厚度（设计厚度）	≥80％	针测法或用卡尺测量
	4	保护层与防水层粘接	按验收规范	观察

复习思考题

1. 每盘混凝土各组成材料的偏差应符合什么要求？

2. 防水混凝土的结构厚度和保护层有何要求？

3. 试确定水泥砂浆防水层的施工质量检验数量？

4. 卷材防水层质量检验的检验项目有哪些？

完成任务要求

完成施工后的地下防水工程的检验。

单元4　主体结构工程检验

主体结构是建筑物的重要组成部分，它包括墙体、柱、梁和楼板等构件，由砌体结构、钢筋混凝土结构、钢结构、木结构等组成，要具有足够的强度、刚度和稳定性，要满足隔热、保温、隔声、防火、防水、防潮等功能。

为了使建筑工程安全、适用、耐久，在工程施工过程中必须按照设计要求施工，同时符合相应规范的规定。如果主体结构出现质量问题，将严重影响建筑物的正常使用，甚至造成建筑物倒塌，带来严重的经济损失和安全事故。

任务1　混凝土结构检验

【引导问题】

1. 钢筋混凝土结构的优点和缺点分别是什么？
2. 钢筋连接的方法有哪些？
3. 混凝土的振动机械有哪些？它们各自适用范围？

【工作任务】

通过对已完工程的质量进行检验，确定其是否符合验收规范的规定。

【学习参考资料】

1. 《建筑施工技术（第三版）》姚谨英主编
2. 《混凝土结构工程施工质量验收规范》GB 50204—2002
3. 《建筑工程施工质量验收统一标准》GB 50300—2001
4. 建筑施工手册

一、一般规定

（1）混凝土结构施工现场质量管理应有相应的施工技术标准、健全的质量管理体系、施工质量控制和质量检验制度。混凝土结构施工项目应有施工组织设计和施工技术方案，并经审查批准。

（2）对原材料、构配件和器具等产品的进场复验，应按进场的批次和产品的抽样检验方案执行。

（3）对混凝土强度、预制构件结构性能等，应按国家现行有关标准和本规范规定的抽样检验方案执行。

（4）原材料、构配件和器具等的产品合格证（中文质量合格证明文件、规格、型号及性能检测报告等）及进场复验报告、施工过程中重要工序的自检和交接检记录、抽样检验报告、见证检测报告、隐蔽工程验收记录等进行检查。

二、模板工程

（一）检验要点

（1）模板及其支架应根据工程结构形式、荷载大小、地基土类别、施工设备和材料供应等条件进行设计。模板及其支架应具有足够的承载能力、刚度和稳定性，能可靠地承受浇筑混凝土的重量、侧压力以及施工荷载。

（2）在浇筑混凝土之前，应对模板工程进行验收。

（3）模板安装和浇筑混凝土时，应对模板及其支架进行观察和维护。发生异常情况时，应按施工技术方案及时进行处理。

（4）模板及其支架拆除的顺序及安全措施应按施工技术方案执行。

（二）仪器和机具准备

水准仪、经纬仪、靠尺和楔形塞尺、钢尺等。

（三）检验标准与方法

模板安装质量检验标准与检验方法见表 4-1～表 4-4。模板拆除质量检验标准与检验方法见表 4-5。

模板安装质量检验标准与检验方法　　　　表 4-1

项目	序号	检查项目		允许偏差或允许值		检查方法
				单位	数值	
主控项目	1	模板及其支架		按规范规定		观察检查
	2	涂刷隔离剂		按规范规定		观察检查
一般项目	1	模板安装		按规范规定		观察检查
	2	用作模板的地坪、胎膜		按规范规定		观察检查
	3	模板起拱			1/1000～3/1000	水准仪或拉线、钢尺检查
	4	允许偏差	预埋件、预留孔洞	见表 4-2		钢尺检查
			现浇结构	见表 4-3		
			预制构件	见表 4-4		

预埋件和预留孔洞的允许偏差表　　　　表 4-2

项　　　　目		允许偏差（mm）
预埋钢板中心线位置		3
预埋管、预留孔中心线位置		3
插　筋	中心线位置	5
	外露长度	+10，0
预埋螺栓	中心线位置	2
	外露长度	+10，0
预留洞	中心线位置	10
	尺寸	+10，0

注：检查中心线位置时，应沿纵、横两个方向量测，并取其中的较大值。

现浇结构模板安装的允许偏差及检验方法　　　　表 4-3

项　目		允许偏差（mm）	检　验　方　法
轴线位置		5	钢尺检查
底模上表面标高		±5	水准仪或拉线、钢尺检查
截面内部尺寸	基础	±10	钢尺检查
	柱、墙、梁	+4，−5	钢尺检查
层高垂直度	不大于 5m	6	经纬仪或吊线、钢尺检查
	大于 5m	8	经纬仪或吊线、钢尺检查
相邻两板表面高低差		2	钢尺检查
表面平整度		5	2m 靠尺和塞尺检查

注：检查中心线位置时，应沿纵、横两个方向量测，并取其中的较大值。

预制构件模板安装的允许偏差及检验方法　　　　表 4-4

项　目		允许偏差（mm）	检　验　方　法
长度	板、梁	±5	钢尺量两角边，取其中较大值
	薄腹梁、桁架	±10	
	柱	0，−10	
	墙板	0，−5	
宽度	板、墙板	0，−5	钢尺量一端及中部，取其中较大值
	梁、薄腹梁、桁架、柱	+2，−5	
高（厚）度	板	+2，−3	钢尺量一端及中部，取其中较大值
	墙板	0，−5	
	梁、薄腹梁、桁架、柱	+2，−5	
侧向弯曲	梁、板、柱	$l/1000$ 且 ≤15	拉线、钢尺量最大弯曲处
	墙板、薄腹梁、桁架	$l/1500$ 且 ≤15	
板的表面平整度		3	2m 靠尺和塞尺检查
相邻两板表面高低差		1	钢尺检查
对角线差	板	7	钢尺量两个对角线
	墙板	5	
翘曲	板、墙板	$l/1500$	调平尺在两端量测
设计起拱	薄腹梁、桁架、梁	±3	拉线、钢尺量跨中

注：l 为构件长度（mm）。

模板拆除质量检验标准与检验方法　　　　表 4-5

项目	序号	检查项目	允许偏差或允许值		检查方法
			单位	数值	
主控项目	1	底模拆模时混凝土强度	按设计要求		检查试验报告
	2	后张法预应力结构	按规范规定		观察
	3	后浇带	按施工方案		观察
一般项目	1	侧模拆模时混凝土强度	按规范规定		观察
	2	拆模要求	按规范规定		观察

三、钢筋工程

（一）检验要点

（1）当钢筋的品种、级别或规格需作变更时，应办理设计变更文件。

（2）在浇筑混凝土之前，应进行钢筋隐蔽工程验收，其内容包括：

1）纵向受力钢筋的品种、规格、数量、位置等；

2）钢筋的连接方式、接头位置、接头数量、接头面积百分率等；

3）箍筋、横向钢筋的品种、规格、数量、间距等；

4）预埋件的规格、数量、位置等。

（二）仪器和机具准备

钢尺、塞尺。

（三）检验标准与方法

原材料质量检验标准与检验方法见表 4-6。钢筋加工质量检验标准与检验方法见表 4-7。钢筋连接质量检验标准与检验方法见表 4-8。钢筋安装质量检验标准与检验方法见表 4-9。

原材料质量检验标准与检验方法　　　　　　　　　表 4-6

| 项目 | 序号 | 检查项目 | 允许偏差或允许值 | | 检查方法 |
			单位	数值	
主控项目	1	钢筋试验	设计要求		检查产品合格证、出厂检验报告和进场复验报告
	2	有抗震要求的受力钢筋	按规范规定		检查进场复验报告
	3	不正常钢筋	按规范规定		检查化学成分等专项检验报告
一般项目	1	钢筋表面质量	按规范规定		观察

钢筋加工质量检验标准与检验方法　　　　　　　　　表 4-7

| 项目 | 序号 | 检查项目 | | 允许偏差或允许值 | | 检查方法 |
				单位	数值	
主控项目	1	受力钢筋的弯钩和弯折		按规范规定		钢尺检查
	2	箍筋弯钩		按规范规定		钢尺检查
一般项目	1	钢筋调直		按规范规定		观察、钢尺检查
	2	钢筋加工偏差	受力钢筋顺长度方向全长的净尺寸	mm	±10	钢尺检查
			弯起钢筋的弯折位置	mm	±20	
			箍筋内净尺寸	mm	±5	

钢筋连接质量检验标准与检验方法　　　　　　　　　　表 4-8

项目	序号	检查项目	允许偏差或允许值		检查方法
			单位	数值	
主控项目	1	纵向受力钢筋连接方式	设计要求		观察
	2	钢筋机械连接接头、焊接接头力学性能检验	按规范规定		检查产品合格证、接头力学性能试验报告
一般项目	1	钢筋接头	按规范规定		观察、钢尺检查
	2	钢筋机械连接接头、焊接接头外观检验	按规范规定		观察
	3	受力钢筋的机械连接接头或焊接接头相互错开	按规范规定		观察、钢尺检查
	4	受力钢筋的绑扎搭接接头相互错开	按规范规定		观察、钢尺检查
	5	箍筋配置	按规范规定		钢尺检查

钢筋安装质量检验标准与检验方法　　　　　　　　　　表 4-9

项目	序号	检查项目			允许偏差或允许值		检查方法
					单位	数值	
主控项目	1	受力钢筋检查			设计要求		观察、钢尺检查
一般项目	1	绑扎钢筋网	长、宽		mm	±10	钢尺检查
			网眼尺寸		mm	±20	钢尺量连续三档，取最大值
	2	绑扎钢筋骨架	长		mm	±10	钢尺检查
			宽、高		mm	±5	钢尺检查
	3	受力钢筋	间距		mm	±10	钢尺量两端、中间各一点，取最大值
			排距		mm	±5	
			保护层厚度	基础	mm	±10	钢尺检查
				柱、梁	mm	±5	钢尺检查
				板、墙、壳	mm	±3	钢尺检查
	4	绑扎箍筋、横向钢筋间距			mm	±20	钢尺量连续三档，取最大值
	5	钢筋弯起点位置			mm	20	钢尺检查
	6	预埋件	中心线位置		mm	5	钢尺检查
			水平高差		mm	+3，0	钢尺和塞尺检查

注：1. 检查预埋件中心线位置时，应沿纵、横两个方向量测，并取其中的较大值。

　　2. 表中梁类、板类构件上部纵向受力钢筋保护层厚度的合格点率应达到 90% 及以上，且不得有超过表中数值 1.5 倍的尺寸偏差。

四、混凝土工程

（一）检验要点

（1）检验评定混凝土强度用的混凝土试件的尺寸及强度的尺寸换算系数应按

规范取用；其标准成型方法、标准养护条件及强度试验方法应符合普通混凝土力学性能试验方法标准的规定。

（2）结构构件拆模、出池、出厂、吊装、张拉、放张及施工期间临时负荷时的混凝土强度，应根据同条件养护的标准尺寸试件的混凝土强度确定。

（3）当混凝土试件强度评定不合格时，可采用非破损或局部破损的检测方法，按国家现行有关标准的规定对结构构件中的混凝土强度进行推定，并作为处理的依据。

（二）仪器和机具准备

钢尺等。

（三）检验标准与方法

原材料质量检验标准与检验方法见表 4-10。配合比质量检验标准与检验方法见表 4-11。混凝土施工质量检验标准与检验方法见表 4-12。

原材料质量检验标准与检验方法 表 4-10

| 项目 | 序号 | 检查项目 | 允许偏差或允许值 | | 检查方法 |
			单位	数值	
主控项目	1	水泥	按规范规定		检查产品合格证、出厂检验报告和进场复验报告
	2	外加剂	按规范规定		检查产品合格证、出厂检验报告和进场复验报告
	3	氯化物和碱含量	按规范规定和设计要求		检查原材料试验报告和氯化物、碱含量计算书
一般项目	1	矿物掺合料的质量	按规范规定		检查产品合格证和进场复验报告
	2	粗、细骨料	按规范规定		检查进场复验报告
	3	水	按规范规定		检查水质试验报告

配合比质量检验标准与检验方法 表 4-11

| 项目 | 序号 | 检查项目 | 允许偏差或允许值 | | 检查方法 |
			单位	数值	
主控项目	1	进行配合比设计	按规范规定		检查配合比设计资料
一般项目	1	开盘鉴定	按规范规定		检查开盘鉴定资料和试件强度试验报告
	2	换算施工配合比	按规范规定		检查含水率测试结果和施工配合比通知单

混凝土施工质量检验标准与检验方法　　　　表 4-12

项目	序号	检查项目	允许偏差或允许值		检查方法
			单位	数值	
主控项目	1	强度等级	设计要求		检查施工记录及试件强度试验报告
	2	抗渗混凝土	按规范规定		检查试件抗渗试验报告
	3	原材料每盘的偏差	按规范规定		复称
	4	施工工艺	按规范规定		观察、检查施工记录
一般项目	1	施工缝	按规范规定		观察、检查施工记录
	2	后浇带	按规范规定		观察、检查施工记录
	3	受力钢筋的机械连接接头或焊接接头相互错开	按规范规定		观察、钢尺检查
	4	混凝土养护	按规范规定		观察、检查施工记录

五、预应力工程

（一）检验要点

（1）预应力筋张拉机具设备及仪表，应定期维护和校验。张拉设备应配套标定，并配套使用。张拉设备的标定期限不应超过半年。当在使用过程中出现反常现象时或在千斤顶检修后，应重新标定。

（2）在浇筑混凝土之前，应进行预应力隐蔽工程验收，其内容包括：

1）预应力筋的品种、规格、数量、位置等；

2）预应力筋锚具和连接器的品种、规格、数量、位置等；

3）预留孔道的规格、数量、位置、形状及灌浆孔、排气兼泌水管等；

4）锚固区局部加强构造等。

（二）仪器和机具准备

钢尺等。

（三）检验标准与方法

原材料质量检验标准与检验方法见表 4-13。制作与安装质量检验标准与检验方法见表 4-14。张拉和放张质量检验标准与检验方法见表 4-15。灌浆和封锚质量检验标准与检验方法见表 4-16。

原材料质量检验标准与检验方法　　　　表 4-13

项目	序号	检查项目	允许偏差或允许值		检查方法
			单位	数值	
主控项目	1	预应力筋力学性能	按规范规定		检查产品合格证、出厂检验报告和进场复验报告
	2	预应力筋涂包质量	按规范规定		观察、检查产品合格证、出厂检验报告和进场复验报告
	3	锚具、夹具和连接器	按规范规定		检查产品合格证、出厂检验报告和进场复验报告
	4	灌浆用水泥、外加剂	按规范规定		检查产品合格证、出厂检验报告和进场复验报告

续表

项目	序号	检查项目	允许偏差或允许值		检查方法
			单位	数值	
一般项目	1	预应力筋外观质量	按规范规定		观察
	2	锚具、夹具和连接器外观检查	按规范规定		观察
	3	金属螺旋管的尺寸和性能	按规范规定		检查产品合格证、出厂检验报告和进场复验报告
	4	金属螺旋管的外观检查	按规范规定		观察

制作与安装质量检验标准与检验方法　　　　表 4-14

项目	序号	检查项目	允许偏差或允许值		检查方法
			单位	数值	
主控项目	1	预应力筋的安装	按设计要求		观察、钢尺检查
	2	隔离剂	按规范规定		观察
	3	避免火花损伤预应力筋	按规范规定		观察
一般项目	1	预应力筋下料	按规范规定		观察、钢尺检查
	2	锚具制作质量	按规范规定		观察、钢尺检查，检查镦头强度试验报告
	3	预留孔洞	按规范规定		观察、钢尺检查
	4	束形控制点的竖向位置偏差　截面高（厚度）：$h\leqslant 300$	mm	±5	钢尺检查
		$300<h\leqslant 1500$	mm	±10	
		$h>1500$	mm	±15	
	5	预应力筋铺设	按规范规定		观察
		预应力筋防止锈蚀	按规范规定		观察

张拉和放张质量检验标准与检验方法　　　　表 4-15

项目	序号	检查项目	允许偏差或允许值		检查方法
			单位	数值	
主控项目	1	混凝土强度	按规范规定		检查同条件养护试件报告
	2	张拉和放张的施工工艺	按规范规定		检查张拉记录
	3	预应力值	按规范规定		检查记录
	4	预应力筋断裂或滑脱	按规范规定		观察、检查张拉记录
一般项目	1	预应力筋的内缩量	按规范规定		钢尺检查
	2	预应力筋位置	按规范规定		钢尺检查

灌浆和封锚质量检验标准与检验方法　　　　表 4-16

项目	序号	检查项目	允许偏差或允许值		检查方法
			单位	数值	
主控项目	1	灌浆要求	按规范规定		观察、检查灌浆记录
	2	锚具的封闭保护	按规范规定		观察、钢尺检查
一般项目	1	预应力筋外露长度	按规范规定		观察、钢尺检查
	2	灌浆用水泥浆	按规范规定		检查水泥浆性能试验报告
	3	水泥浆强度	按规范规定		检查水泥浆强度试验报告

六、现浇混凝土工程

（一）检验要点

（1）现浇结构的外观质量缺陷，应由监理（建设）单位、施工单位等各方根据其对结构性能和使用功能影响的严重程度确定。

（2）现浇结构拆模后，应由监理（建设）单位、施工单位对外观质量和尺寸偏差进行检查，作出记录，并应及时按施工技术方案对缺陷进行处理。

（二）仪器和机具准备

钢尺、水准仪、经纬仪、塞尺等。

（三）检验标准与方法

现浇结构质量检验标准与检验方法见表 4-17。混凝土设备基础尺寸允许偏差和检验方法见表 4-18。

现浇结构质量检验标准与检验方法　　　　表 4-17

项目	序号	检查项目		允许偏差或允许值		检查方法
				单位	数值	
主控项目	1	外观质量		不应有严重缺陷		观察、检查技术处理方案
	2	影响结构性能和使用功能的尺寸偏差		不应有		量测、检查技术处理方案
一般项目	1	外观质量		不宜有一般缺陷		观察、检查技术处理方案
	2	轴线位置	基础	mm	15	钢尺检查
			独立基础	mm	10	
			墙、柱、梁	mm	8	
			剪力墙	mm	5	
	3	垂直度	层高　≤5m	mm	8	经纬仪或吊线、钢尺检查
			层高　>5m	mm	10	经纬仪或吊线、钢尺检查
			全高（H）		$H/1000$ 且≤30	经纬仪、钢尺检查
	4	标高	层高	mm	±10	水准仪或拉线、钢尺检查
			全高	mm	±30	
	5	截面尺寸		mm	+8，−5	钢尺检查

续表

项目	序号	检查项目		允许偏差或允许值		检查方法
				单位	数值	
一般项目	6	电梯井	井筒长、宽对定位中心线	mm	+25，0	钢尺检查
			井筒全高（H）垂直度		H/1000 且≤30	经纬仪、钢尺检查
	7	表面平整度		mm	8	2m靠尺和塞尺检查
	8	预埋设施中心线位置	预埋件	mm	10	钢尺检查
			预埋螺栓	mm	5	
			预埋管	mm	3	
	9	预留洞中心线位置		mm	15	钢尺检查

注：检查轴线、中心线位置时，应沿纵、横两个方向量测，并取其中的较大值。

混凝土设备基础尺寸允许偏差和检验方法　　　　　　　　　表 4-18

序号	检查项目		允许偏差或允许值		检查方法
			单位	数值	
1	坐标位置		mm	20	钢尺检查
2	不同平面的标高		mm	0，-20	水准仪或拉线、钢尺检查
3	平面外形尺寸		mm	±20	钢尺检查
4	凸台上平面外形尺寸		mm	0，-20	钢尺检查
5	凹穴尺寸		mm	+20，0	钢尺检查
6	平面水平度	每　米	mm	5	水平尺、塞尺检查
		全　长	mm	10	水准仪或拉线、钢尺检查
7	垂直度	每　米	mm	5	经纬仪或吊线、钢尺检查
		全　高	mm	10	
8	预埋地脚螺栓	标高（顶部）	mm	+20，0	水准仪或拉线、钢尺检查
		中心距	mm	±2	钢尺检查
9	预埋地脚螺栓孔	中心线位置	mm	10	钢尺检查
		深度	mm	+20，0	钢尺检查
		孔垂直度	mm	10	吊线、钢尺检查
10	预埋活动地脚螺栓锚板	标高	mm	+20，0	水准仪或拉线、钢尺检查
		中心线位置	mm	5	钢尺检查
		带槽锚板平整度	mm	5	钢尺、塞尺检查
		带螺纹孔锚板平整度	mm	2	钢尺、塞尺检查

注：检查坐标、中心线位置时，应沿纵、横两个方向量测，并取其中的较大值。

复习思考题

1. 模板及其支架的要求有哪些？

2. 钢筋隐蔽工程验收有哪些内容？

3. 混凝土施工质量验收的主控项目有哪些？

4. 现浇结构的轴线位置和垂直度允许偏差值是多少？

完成任务要求

1. 完成施工现场已完工程的检验。
2. 查阅相关资料，熟悉装配式结构工程的检验标准和检验方法。

任务 2 砌体结构检验

引导问题：

1. 砖砌体的组砌形式有哪些？
2. 砌体的施工工艺过程是什么？
3. 砌筑构造柱的作用是什么？它的具体构造要求？

工作任务：通过对已完工程的质量进行检验，确定其是否符合验收规范的规定。

学习参考资料：

1.《建筑施工技术（第三版）》姚谨英主编
2.《砌体工程施工质量验收规范》GB 50203—2002
3.《建筑工程施工质量验收统一标准》GB 50300—2001
4. 建筑施工手册

一、一般规定

（1）砌体工程所用的材料应有产品的合格证书、产品性能检测报告。块材、水泥、钢筋、外加剂等尚应有材料主要性能的进场复验报告。严禁使用国家明令淘汰的材料。

（2）砌筑基础前，应校核放线尺寸的允许偏差。

（3）在墙上留置临时施工洞口，其侧边离交接处墙面不应小于500mm，洞口净宽度不应超过1m。抗震设防烈度为9度的地区建筑物的临时施工洞口位置，应会同设计单位确定。临时施工洞口应做好补砌。

（4）不得在下列墙体或部位设置脚手眼：

1）120mm 厚墙、料石清水墙和独立柱；

2）过梁上与过梁成 60°角的三角形范围及过梁净跨度 1/2 的高度范围内；

3）宽度小于 1m 的窗间墙；

4）砌体门窗洞口两侧 200mm（石砌体为 300mm）和转角处 450mm（石砌体为 600mm）范围内；

5）梁或梁垫下及其左右 500mm 范围内；

6）设计不允许设置脚手眼的部位。

（5）设计要求的洞口、管道、沟槽应于砌筑时正确留出或预埋，未经设计同意，不得打凿墙体和在墙体上开凿水平沟槽。宽度超过300mm的洞口上部，应设置过梁。

（6）尚未施工楼板或屋面的墙或柱，当可能遇到大风时，其允许自由高度不得超过规范的规定。

（7）搁置预制梁、板的砌体顶面应找平，安装时应坐浆。当设计无具体要求时，应采用 1：2.5 的水泥砂浆。

（8）砌筑砂浆应通过试配确定配合比。当砌筑砂浆的组成材料有变更时；其配合比应重新确定。

（9）砂浆应随拌随用，水泥砂浆和水泥混合砂浆应分别在 3h 和 4h 内使用完毕；当施工期间最高气温超过 30℃时，应分别在拌成后 2h 和 3h 内使用完毕。

二、砖砌体工程

（一）检验要点

（1）砌筑砖砌体时，砖应提前 1～2d 浇水湿润。

（2）砌砖工程当采用铺浆法砌筑时，铺浆长度不得超过 750mm；施工期间气温超过 30℃时，铺浆长度不得超过 500mm。

（3）240mm 厚承重墙的每层墙的最上一皮砖，砖砌体的台阶水平面上及挑出层，应整砖丁砌。

（4）施工时施砌的蒸压（养）砖的产品龄期不应小于 28d。

（5）竖向灰缝不得出现透明缝、瞎缝和假缝。

（6）砖砌体施工临时间断处补砌时，必须将接槎处表面清理干净，浇水湿润，并填实砂浆，保持灰缝平直。

（二）仪器和机具准备

水准仪、经纬仪、靠尺和楔形塞尺、钢尺、10m 线、百格网、2m 托线板等。

（三）检验标准与方法

砖砌体质量检验标准与检验方法见表 4-19。

砖砌体质量检验标准与检验方法　　　　　　表 4-19

项目	序号	检查项目		允许偏差或允许值		检查方法
				单位	数值	
主控项目	1	砖和砂浆强度等级		设计要求		检查砖和砂浆试块试验报告
	2	水平灰缝的砂浆饱满度		不小于 80%		用百格网检查
	3	斜槎留设		按规范规定		观察
	4	直槎与拉接筋留设		按规范规定		观察和尺量检查
	5	轴线位置偏移		mm	10	用经纬仪和尺检查或用其他测量仪器检查
	6	垂直度	每层	mm	5	用 2m 托线板检查
			全高 ≤10m	mm	10	用经纬仪、吊线和尺检查，或用其他测量仪器检查
			>10m	mm	20	

续表

项目	序号	检查项目		允许偏差或允许值		检查方法
				单位	数值	
一般项目	1	组砌方法		按规范规定		观察
	2	灰缝厚度		按规范规定		用尺量 10 皮砖砌体高度折算
	3	基础顶面和楼面标高		mm	±15	用水平仪和尺检查
	4	表面平整度	清水墙、柱	mm	5	用 2m 靠尺和楔形塞尺检查
			混水墙、柱	mm	8	
	5	门窗洞口高、宽（后塞口）		mm	±5	用尺检查
	6	外墙上下窗口偏移		mm	20	以底层窗口为准，用经纬仪或吊线检查
	7	水平灰缝平直度	清水墙	mm	7	拉 10m 线和尺检查
			混水墙	mm	10	
	8	清水墙游丁走缝		mm	20	吊线和尺检查，以每层第一皮砖为准

三、混凝土小型空心砌块砌体工程

（一）检验要点

（1）施工时所用的小砌块的产品龄期不应小于 28d。

（2）砌筑小砌块时，应清除表面污物和芯柱用小砌块孔洞底部的毛边，剔除外观质量不合格的小砌块。承重墙体严禁使用断裂小砌块。

（3）底层室内地面以下或防潮层以下的砌体，应采用强度等级不低于 C20 的混凝土灌实小砌块的孔洞。

（4）小砌块应底面朝上反砌于墙上。小砌块墙体应对孔错缝搭砌，搭接长度不应小于 90mm。墙体的个别部位不能满足上述要求时，应在灰缝中设置拉结钢筋或钢筋网片，但竖向通缝仍不得超过两皮小砌块。

（5）浇灌芯柱的混凝土，宜选用专用的小砌块灌孔混凝土，当采用普通混凝土时，其坍落度不应小于 90mm。

（6）需要移动砌体中的小砌块或小砌块被撞动时，应重新铺砌。

（二）仪器和机具准备

水准仪、经纬仪、靠尺和楔形塞尺、钢尺、10m 线、百格网、2m 托线板等。

（三）检验标准与方法

混凝土小型空心砌块砌体工程质量检验标准与检验方法见表 4-20。

混凝土小型空心砌块砌体工程质量检验标准与检验方法　　　　表 4-20

项目	序号	检查项目	允许偏差或允许值		检查方法
			单位	数值	
主控项目	1	小砌块和砂浆强度等级	设计要求		检查小砌块和砂浆试块试验报告
	2	灰缝砂浆饱满度	按规范规定		用专用百格网检测
	3	斜槎	按规范规定		观察
	4	轴线位移和垂直度	同砖砌体		同砖砌体
一般项目	1	灰缝厚度	按规范规定		用尺量 5 皮小砌块的高度和 2m 砌体长度折算
	2	其他允许偏差	见砖砌体一般项目 3～7 项		同砖砌体

四、石砌体工程

（一）检验要点

（1）石砌体采用的石材应质地坚实，无风化剥落和裂纹。用于清水墙、柱表面的石材，尚应色泽均匀。石材表面的泥垢、水锈等杂质，砌筑前应清除干净。

（2）砌筑毛石基础的第一皮石块应坐浆，并将大面向下；砌筑料石基础的第一皮石块应用丁砌层坐浆砌筑。毛石砌体的第一皮及转角处、交接处和洞口处，应用较大的平毛石砌筑。每个楼层（包括基础）砌体的最上一皮，宜选用较大的毛石砌筑。

（3）石砌体的灰缝厚度：毛料石和粗料石砌体不宜大于 20mm；细料石砌体不宜大于 5mm。

（4）砂浆初凝后，如移动已砌筑的石块，应将原砂浆清理干净，重新铺浆砌筑。

（5）砌筑毛石挡土墙每砌 3～4 皮为一个分层高度，每个分层高度应找平一次；外露面的灰缝厚度不得大于 40mm，两个分层高度间分层处的错缝不得小于 80mm。

（6）料石挡土墙，当中间部分用毛石砌时，丁砌料石伸入毛石部分的长度不应小于 200mm。

（7）挡土墙的泄水孔应均匀设置，在每米高度上间隔 2m 左右设置一个泄水孔；泄水孔与土体间铺设长宽各为 300mm、厚 200mm 的卵石或碎石作疏水层。

（二）仪器和机具准备

水准仪、经纬仪、靠尺和楔形塞尺、钢尺、10m 线、2m 托线板等。

（三）检验标准与方法

石砌体质量检验标准与检验方法见表 4-21。

石砌体质量检验标准与检验方法 表 4-21

项目	序号	检查项目	允许偏差或允许值		检查方法
			单位	数值	
主控项目	1	石材及砂浆强度等级	设计要求		料石检查产品质量证明书，石材、砂浆检查试块试验报告
	2	砂浆饱满度	不应小于80%		观察
	3	轴线位置和垂直度	按规范规定		用经纬仪和尺检查，或用其他测量仪器检查
一般项目	1	组砌形式	按规范规定		观察
	2	允许偏差	按规范规定		按规范规定

复习思考题

1. 哪些部位和墙体不允许设置脚手眼？

2. 砂浆的使用时间如何规定？

3. 砖砌体质量验收的一般项目有哪些？

4. 石砌体质量验收的主控项目有哪些？

完成任务要求

1. 完成施工现场已完工程的检验。

2. 查阅相关资料，熟悉配筋砌体、填充墙砌体工程的检验标准和检验方法。

任务3 钢结构检验

【引导问题】

1. 钢结构的优点和缺点分别是什么？

2. 钢结构构件加工工艺流程是什么？

3. 钢结构构件连接的方法有哪些？

【工作任务】

通过对已完工程的质量进行检验，确定其是否符合验收规范的规定。

【学习参考资料】

1. 《建筑施工技术》（第三版）姚谨英主编

2. 《钢结构工程施工质量验收规范》GB 50205—2001

3. 《建筑工程施工质量验收统一标准》GB 50300—2001

4. 建筑施工手册

一、一般规定

（1）钢结构工程施工单位应具备相应的钢结构工程施工资质，施工现场质量管理应有相应的施工技术标准、质量管理体系、质量控制及检验制度，施工现场应有经项目技术负责人审批的施工组织设计、施工方案等技术文件。

（2）钢结构工程施工质量的验收，必须采用经计量检定、校准合格的计量器具。

（3）检验批合格质量标准应符合下列规定：

1）主控项目必须符合本规范合格质量标准的要求；

2）一般项目其检验结果应有80%及以上的检查点（值）符合本规范合格质量标准的要求，且最大值不应超过其允许偏差值的1.2倍。

3）质量检查记录、质量证明文件等资料应完整。

二、钢构件焊接工程

（一）检验要点

（1）碳素结构钢应在焊缝冷却到环境温度、低合金结构钢应在完成焊接24h以后，进行焊缝探伤检验。

（2）焊缝施焊后应在工艺规定的焊缝及部位打上焊工钢印。

（二）仪器和机具准备

焊缝量规、钢尺等。

（三）检验标准与方法

钢构件焊接质量检验标准与检验方法见表4-22。

钢构件焊接质量检验标准与检验方法　　　　　　　　表 4-22

项目	序号	检查项目	允许偏差或允许值		检查方法
			单位	数值	
主控项目	1	焊接材料质量	按规范规定		检查质量书和烘焙记录
	2	焊工	按规范规定		检查焊工合格证及其认可范围、有效期
	3	首次采用的材料进行评定	按规范规定		检查焊接工艺评定报告
	4	焊缝质量检验	按规范规定		检查超声波或射线探伤记录
	5	焊脚尺寸	按规范规定		观察检查，用焊缝量规抽查测量
	6	表面缺陷	按规范规定		观察或使用放大镜、焊缝量规和钢尺检查
一般项目	1	预热和焊后热处理	按规范规定		检查预、后热施工记录和工艺试验报告
	2	二、三级焊缝外观质量	按规范规定		观察或使用放大镜、焊缝量规和钢尺检查
	3	焊缝尺寸允许偏差	按规范规定		用焊缝量规检查
	4	角焊缝	按规范规定		观察
	5	焊缝感观	按规范规定		观察

三、普通连接件连接工程

（一）仪器和机具准备

钢尺、小锤。

（二）检验标准与方法

普通紧固件连接质量检验标准与检验方法见表 4-23。

普通紧固件连接质量检验标准与检验方法　　　　表 4-23

项目	序号	检查项目	允许偏差或允许值		检查方法
			单位	数值	
主控项目	1	最小拉力载荷	规范规定		检查螺栓实物复验报告
	2	自攻钉、拉铆钉、射钉等规格尺寸	按规范规定		观察和尺量检查
一般项目	1	螺栓紧固质量	按规范规定		观察和用小锤敲击检查
	2	自攻钉、拉铆钉、射钉等与钢板紧固	按规范规定		观察和用小锤敲击检查

四、高强度螺栓连接

（一）仪器和机具准备

钢尺、卡尺等。

（二）检验标准与方法

高强度螺栓连接质量检验标准与检验方法见表 4-24。

高强度螺栓连接质量检验标准与检验方法　　　　表 4-24

项目	序号	检查项目	允许偏差或允许值		检查方法
			单位	数值	
主控项目	1	高强度螺栓连接摩擦面的抗滑移系数试验	按规范规定		检查摩擦面抗滑移系数试验报告和复验报告
	2	终拧扭矩检查	按规范规定		按规范规定
	3	未在终拧中拧掉梅花头的螺栓	按规范规定		按规范规定
一般项目	1	施拧顺序和初拧、复拧扭矩	按规范规定		检查扭矩扳手标定记录和螺栓施工记录
	2	丝扣外露	按规范规定		观察
	3	连接摩擦面	按规范规定		观察
	4	螺栓孔	按规范规定		观察和用卡尺检查
	5	螺栓球节点网架总拼完成后检查	按规范规定		普通扳手及尺量检查

五、单层钢结构安装工程

（一）检验要点

（1）钢结构安装检验批应在进场验收和焊接连接、紧固件连接、制作等分项工程验收合格的基础上进行验收。

（2）安装的测量校正、高强度螺栓安装、负温度下施工及焊接工艺等，应在安装前进行工艺试验或评定，并应在此基础上制定相应的施工工艺或方案。

（3）安装时，必须控制屋面、楼面、平台等的施工荷载，施工荷载和冰雪荷载等严禁超过梁、桁架、楼面板、屋面板、平台铺板等的承载能力。

（4）在形成空间刚度单元后，应及时对柱底板和基础顶面的空隙进行细石混凝土、灌浆料等二次浇灌。

（二）仪器和机具准备

经纬仪、水准仪、全站仪、水平尺、塞尺、线坠、钢尺等。

（三）检验标准与方法

基础和支撑面质量检验标准与检验方法见表 4-25。安装和校正质量检验标准与检验方法见表 4-26。

基础和支撑面质量检验标准与检验方法　　　　　　　　表 4-25

| 项目 | 序号 | 检查项目 | 允许偏差或允许值 | | 检查方法 |
			单位	数值	
主控项目	1	建筑物的定位轴线、基础轴线和标高、地脚螺栓的规格及其紧固	设计要求		用经纬仪、水准仪、全站仪和钢尺现场实测
	2	位置的允许偏差	按规范规定		用经纬仪、水准仪、全站仪、水平尺和钢尺实测
	3	坐浆垫板的允许偏差	按规范规定		用水准仪、全站仪、水平尺和钢尺现场实测
	4	杯口尺寸的允许偏差	按规范规定		观察及尺量检查
一般项目	1	地脚螺栓（锚栓）尺寸的偏差	按规范规定		用钢尺现场实测

安装和校正质量检验标准与检验方法　　　　　　　　表 4-26

| 项目 | 序号 | 检查项目 | 允许偏差或允许值 | | 检查方法 |
			单位	数值	
主控项目	1	钢构件	按设计要求和规范规定		用拉线、钢尺现场实测或观察
	2	要求顶紧的节点	按规范规定		用钢尺及 0.3mm 和 0.8mm 厚的塞尺现场实测
	3	钢屋（托）架、桁架、梁及受压杆件的垂直度和侧向弯曲矢高的允许偏差	按规范规定		用吊线、拉线、经纬仪和钢尺现场实测
	4	整体垂直度和整体平面弯曲的允许偏差	按规范规定		采用经纬仪、全站仪等测量

续表

项目	序号	检查项目	允许偏差或允许值		检 查 方 法
			单位	数值	
一般项目	1	钢柱等主要构件的中心线及标高基准点等标记	应齐全		观察
	2	钢桁架（或梁）的偏差	按规范规定		用拉线和钢尺现场实测
	3	钢柱安装的允许偏差	按规范规定		按规范规定
	4	钢吊车梁或直接承受动力荷载的类似构件，其安装的允许偏差	按规范规定		按规范规定
	5	檩条、墙架等次要构件安装的允许偏差	按规范规定		按规范规定
	6	钢平台、钢梯和防护栏杆安装的允许偏差	按规范规定		按规范规定
	7	现场焊缝组对间隙的允许偏差	按规范规定		尺量检查
	8	表面质量	按规范规定		观察

复习思考题

1. 钢结构检验批合格质量标准应符合哪些规定？
2. 钢构件焊接工程检验要点有哪些内容？
3. 高强度螺栓连接质量检验标准的主控项目有哪些？
4. 单层钢结构安装工程检验要点有哪些？

完成任务要求

1. 完成施工现场已完工程的检验。
2. 查阅相关资料，熟悉多层钢结构安装工程的检验标准和检验方法。

单元 5   建筑装饰装修工程检验

建筑装饰工程是采用适当的材料和正确的构造，以科学的施工工艺方法，为保护建筑主体结构，满足人们的视觉要求和使用功能，从而对建筑物和主体结构的内外表面进行装饰和修饰，并对建筑及其室内环境进行艺术加工和处理。最终达到保护结构、延长建筑物使用寿命、美化建筑、优化环境的目的。

装饰工程工程量大，工期长，工序多，造价高，建筑装饰材料和施工技术更新快，管理困难，因此从业人员必须提高自身水平，对保证工程质量、缩短工期、降低造价有着深远意义。

任务 1   地面工程检验

【引导问题】

1. 建筑地面的构造组成是什么？

2. 试述现浇水磨石地面的施工工艺？

3. 试述大理石板块地面的施工工艺？

【工作任务】

通过对已完工程的质量进行检验，确定其是否符合验收规范的规定。

【学习参考资料】

1.《建筑施工技术（第三版）》姚谨英主编

2.《建筑地面工程施工质量验收规范》GB 50209—2002

3.《建筑工程施工质量验收统一标准》GB 50300—2001

4. 建筑施工手册

一、一般规定

（1）建筑地面工程采用的材料应按设计要求和本规范的规定选用，并应符合国家标准的规定；进场材料应有中文质量合格证明文件、规格、型号及性能检测报告，对重要材料应有复验报告。

（2）厕浴间和有防滑要求的建筑地面的板块材料应符合设计要求。

（3）建筑地面下的沟槽、暗管等工程完工后，经检验合格并做隐蔽记录，方可进行建筑地面工程的施工。

（4）水泥混凝土散水、明沟，应设置伸缩缝，其延米间距不得大于 10m；房屋转角处应做 45°缝。水泥混凝土散水、明沟和台阶等与建筑物连接处应设缝处理。上述缝宽度为 15～20mm，缝内填嵌柔性密封材料。

二、整体面层铺设

（一）检验要点

（1）铺设整体面层时，其水泥类基层的抗压强度不得小于1.2MPa；表面应粗糙、洁净、湿润并不得有积水。铺设前宜涂刷界面处理剂。

（2）当采用掺有水泥拌合料做踢脚线时，不得用石灰砂浆打底。

（3）整体面层的抹平工作应在水泥初凝前完成，压光工作应在水泥终凝前完成。

（4）整体面层施工后，养护时间不应少于7d；抗压强度应达到5MPa后，方准上人行走；抗压强度应达到设计要求后，方可正常使用。

（二）仪器和机具准备

2m靠尺和楔形塞尺、钢尺、5m线、小锤等。

（三）检验标准与方法

水泥混凝土面层质量检验标准与检验方法见表5-1。水泥砂浆面层质量检验标准与检验方法见表5-2。水磨石面层质量检验标准与检验方法见表5-3。

水泥混凝土面层质量检验标准与检验方法　　　　　　　表5-1

项目	序号	检查项目	允许偏差或允许值		检查方法
			单位	数值	
主控项目	1	粗骨料粒径	按规范规定		观察并检查材质合格证明文件及检测报告
	2	面层强度等级	按规范规定		检查配合比通知单及检测报告
	3	面层与下一层应结合牢固	无空鼓、裂纹		用小锤轻击检查
一般项目	1	表面质量	按规范规定		观察
	2	表面坡度	按规范规定		观察和采用泼水或用坡度尺检查
	3	水泥砂浆踢脚线	按规范规定		用小锤轻击、钢尺和观察检查
	4	楼梯踏步	按规范规定		观察和钢尺检查
	5	面层的允许偏差	按规范规定		按规范规定

水泥砂浆面层质量检验标准与检验方法　　　　　　　表5-2

项目	序号	检查项目	允许偏差或允许值		检查方法
			单位	数值	
主控项目	1	原材料	按规范规定		观察检查和检查材质合格证明文件及检测报告
	2	面层体积比（强度等级）	按规范规定		检查配合比通知单及检测报告
	3	面层与下一层应结合牢固	无空鼓、裂纹		用小锤轻击检查

项目	序号	检查项目	允许偏差或允许值		检查方法
			单位	数值	
一般项目	1	表面坡度	按规范规定		观察和采用泼水或用坡度尺检查
	2	表面质量	按规范规定		观察
	3	踢脚线	按规范规定		用小锤轻击、钢尺和观察检查
	4	楼梯踏步	按规范规定		观察和钢尺检查
	5	面层的允许偏差	按规范规定		按规范规定

水磨石面层质量检验标准与检验方法　　表 5-3

项目	序号	检查项目	允许偏差或允许值		检查方法
			单位	数值	
主控项目	1	原材料	按规范规定		观察并检查材质合格证明文件
	2	面层体积比	按规范规定		检查配合比通知单及检测报告
	3	面层与下一层应结合牢固	无空鼓、裂纹		用小锤轻击检查
一般项目	1	表面质量	按规范规定		观察
	2	踢脚线	按规范规定		用小锤轻击、钢尺和观察检查
	3	楼梯踏步	按规范规定		观察和钢尺检查
	4	面层的允许偏差	按规范规定		按规范规定

三、板块面层铺设

（一）检验要点

（1）铺设板块面层时，其水泥类基层的抗压强度不得小于 1.2MPa。

（2）板块类踢脚线施工时，不得采用石灰砂浆打底。

（3）板块的铺砌应符合设计要求，当设计无要求时，宜避免出现板块小于 1/4 边长的边角料。

（4）铺设水泥混凝土板块、水磨石板块、水泥花砖、陶瓷锦砖、陶瓷地砖、缸砖、料石、大理石和花岗石面层等的结合层和填缝的水泥砂浆，在面层铺设后，表面应覆盖、湿润，其养护时间不应少于 7d。当板块面层的水泥砂浆结合层的抗压强度达到设计要求后，方可正常使用。

（二）仪器和机具准备

2m 靠尺和楔形塞尺、钢尺、5m 线、小锤等。

（三）检验标准与方法

砖面层质量检验标准与检验方法见表 5-4。大理石面层和花岗石面层质量检验标准与检验方法见表 5-5。预制板块面层质量检验标准与检验方法见表 5-6。

砖面层质量检验标准与检验方法 表 5-4

项目	序号	检查项目	允许偏差或允许值		检查方法
			单位	数值	
主控项目	1	板块品种、质量	设计要求		观察检查和检查材质合格证明文件及检测报告
	2	面层与下一层应结合牢固	无空鼓		用小锤轻击检查
一般项目	1	表面质量	按规范规定		观察检查
	2	镶边用料及尺寸	设计要求		观察和用钢尺检查
	3	踢脚线质量	按规范规定		用小锤轻击、钢尺和观察检查
	4	楼梯踏步质量	按规范规定		观察和钢尺检查
	5	表面坡度质量	按规范规定		观察和采用泼水或用坡度尺及蓄水检查
	6	面层的允许偏差	按规范规定		按规范规定

大理石面层和花岗石面层质量检验标准与检验方法 表 5-5

项目	序号	检查项目	允许偏差或允许值		检查方法
			单位	数值	
主控项目	1	板块品种、质量	设计要求		观察检查和检查材质合格证明文件
	2	面层与下一层应结合牢固	无空鼓		用小锤轻击检查
一般项目	1	表面质量	按规范规定		观察检查
	2	踢脚线质量	规范规定		用小锤轻击、钢尺和观察检查
	3	楼梯踏步质量	规范规定		观察和钢尺检查
	4	表面坡度质量	规范规定		观察和采用泼水或用坡度尺及蓄水检查
	5	面层的允许偏差	见规范规定		见规范规定

预制板块面层质量检验标准与检验方法 表 5-6

项目	序号	检查项目	允许偏差或允许值		检查方法
			单位	数值	
主控项目	1	预制板块强度等级、规格、质量	设计要求		观察检查和检查材质合格证明文件及检测报告
	2	面层与下一层应结合牢固	无空鼓		用小锤轻击检查
一般项目	1	表面质量	按规范规定		观察检查
	2	镶边用料及尺寸	设计要求		观察和用钢尺检查
	3	踢脚线质量	按规范规定		用小锤轻击、钢尺和观察检查
	4	楼梯踏步质量	按规范规定		观察和钢尺检查
	5	面层的允许偏差	按规范规定		按规范规定

四、木、竹面层铺设

（一）检验要点

（1）木、竹地板面层下的木搁栅、垫木、毛地板等采用木材的树种、选材标准和铺设时木材含水率以及防腐、防蛀处理等，均应符合现行国家标准的有关规定。所选用的材料，进场时应对其断面尺寸、含水率等主要技术指标进行抽检，抽检数量应符合产品标准的规定。

（2）与厕浴间、厨房等潮湿场所相邻木、竹面层连接处应做防水（防潮）处理。

（3）木、竹面层铺设在水泥类基层上，其基层表面应坚硬、平整、洁净、干燥、不起砂。

（4）实木地板面层铺设时，面板与墙之间应留8～12mm缝隙。

（5）实木复合地板面层铺设时，相邻板材接头位置应错开不小于300mm距离；与墙之间应留不小于10mm空隙。

（二）仪器和机具准备

2m靠尺和楔形塞尺、钢尺、5m线、小锤等。

（三）检验标准与方法

实木地板面层质量检验标准与检验方法见表5-7。实木复合地板面层质量检验标准与检验方法见表5-8。竹地板面层质量检验标准与检验方法见表5-9。

实木地板面层质量检验标准与检验方法   表5-7

项目	序号	检查项目	允许偏差或允许值		检查方法
			单位	数值	
主控项目	1	材料质量	按规范规定		观察检查和检查材质合格证明文件及检测报告
	2	木搁栅安装	牢固、平直		观察、脚踏检查
	3	面层铺设	按规范规定		观察、脚踏或用小锤轻击检查
一般项目	1	面层质量	按规范规定		观察、手摸和脚踏检查
	2	面层缝隙	按规范规定		观察
	3	拼花地板接缝	按规范规定		观察
	4	踢脚线质量	按规范规定		观察和钢尺检查
	5	面层允许偏差	按规范规定		按规范规定

实木复合地板面层质量检验标准与检验方法   表5-8

项目	序号	检查项目	允许偏差或允许值		检查方法
			单位	数值	
主控项目	1	材料质量	按规范规定		观察检查和检查材质合格证明文件及检测报告
	2	木搁栅安装	牢固、平直		观察、脚踏检查
	3	面层铺设	按规范规定		观察、脚踏或用小锤轻击检查

续表

项目	序号	检查项目	允许偏差或允许值		检查方法
			单位	数值	
一般项目	1	面层质量	按规范规定		观察、手摸和脚踏检查
	2	面层接头	按规范规定		观察
	3	踢脚线质量	按规范规定		观察和钢尺检查
	4	面层允许偏差	按规范规定		按规范规定

竹地板面层质量检验标准与检验方法　　　　　　　表 5-9

项目	序号	检查项目	允许偏差或允许值		检查方法
			单位	数值	
主控项目	1	材料质量	按规范规定		观察检查和检查材质合格证明文件及检测报告
	2	木搁栅安装	牢固、平直		观察、脚踏检查
	3	面层铺设	按规范规定		观察、脚踏或用小锤轻击检查
一般项目	1	面层品种、质量	按规范规定		观察、用 2m 靠尺和楔形塞尺检查
	2	面层缝隙	按规范规定		观察
	3	踢脚线质量	按规范规定		观察和钢尺检查
	4	面层允许偏差	按规范规定		按规范规定

复习思考题

1. 整体面层检验要点有哪些？

2. 水泥砂浆面层检验项目有哪些内容？

3. 花岗石面层质量验收的主控项目有哪些？

4. 实木地板面层质量验收的主控项目有哪些？

完成任务要求

1. 完成施工现场已完工程的检验。

2. 查阅相关资料，熟悉其他地面工程的检验标准和检验方法。

任务 2　抹灰工程检验

【引导问题】

1. 抹灰工程的分类有哪些？

2. 常用抹灰工具有哪些？

3. 抹灰工程的质量缺陷及其防治措施？

【工作任务】

通过对已完工程的质量进行检验，确定其是否符合验收规范的规定。

【学习参考资料】

1.《建筑施工技术》（第三版）姚谨英主编

2.《建筑装饰装修工程施工质量验收规范》GB 50210—2001

3.《建筑工程施工质量验收统一标准》GB 50300—2001

4. 建筑施工手册

一、一般规定

（1）外墙和顶棚的抹灰层与基层之间及各抹灰层之间必须粘结牢固。

（2）抹灰工程应对水泥的凝结时间和安定性进行复验。

（3）抹灰工程应对下列隐蔽工程项目进行验收：

1）抹灰总厚度大于或等于 35mm 时的加强措施；

2）不同材料基体交接处的加强措施。

（4）各分项工程的检验批应按下列规定划分：

1）相同材料、工艺和施工条件的室外抹灰工程每 500～1000m² 应划分为一个检验批，不足 500m² 也应划分为一个检验批；

2）相同材料、工艺和施工条件的室内抹灰工程每 50 个自然间（大面积房间和走廊按抹灰面积 30m² 为一间）应划分为一个检验批，不足 50 间也应划分为一个检验批。

（5）检查数量应符合下列规定：

1）室内每个检验批应至少抽查 10%，并不得少于 3 间，不足 3 间时应全数检查；

2）室外每个检验批每 100m² 应至少抽查一处，每处不得小于 10m²。

二、一般抹灰工程

（一）检验要点

（1）抹灰用的石灰膏的熟化期不应少于 15d，罩面用的磨细石灰粉的熟化期不应少于 3d。

（2）各种砂浆抹灰层，在凝结前应防止快干、水冲、撞击、振动和受冻，在凝结后应采取措施防止沾污和损坏。

（3）室内墙面、柱面和门洞口的阳角作法应符合设计要求，设计无要求时应采用 1：2 水泥砂浆做暗护角，其高度不应低于 2m，每侧宽度不应小于 50mm。

（4）水泥砂浆抹灰层应在湿润条件下养护。

（二）仪器和机具准备

2m 靠尺和楔形塞尺、2m 垂直检测尺、钢尺、5m 线、小锤等。

（三）检验标准与方法

一般抹灰质量检验标准与检验方法见表 5-10。

一般抹灰质量检验标准与检验方法　　　　　　　表 5-10

项目	序号	检查项目	允许偏差或允许值		检 查 方 法
			单位	数值	
主控项目	1	基层处理	按规范规定		检查施工记录
	2	材料要求	按规范规定		检查产品合格证书、进场验收记录复验报告和施工记录
	3	操作要求	按规范规定		检查隐蔽工程验收记录和施工记录
	4	各层应结合牢固	无空鼓、裂纹		观察、用小锤轻击检查、检查施工记录
一般项目	1	表面质量	按规范规定		观察、手摸检查
	2	沟槽等抹灰细部质量	按规范规定		观察
	3	层间材料要求及抹灰总厚度	按规范规定		检查施工记录
	4	分格缝设置	按规范规定		观察和钢尺检查
	5	滴水线（槽）	按规范规定		观察和钢尺检查
	6	允许偏差	按规范规定		按规范规定

三、装饰抹灰面层

（一）检验要点

（1）抹灰用的石灰膏的熟化期不应少于 15d，罩面用的磨细石灰粉的熟化期不应少于 3d。

（2）各种砂浆抹灰层，在凝结前应防止快干、水冲、撞击、振动和受冻，在凝结后应采取措施防止沾污和损坏。

（3）外墙抹灰工程施工前应先安装钢木门窗框护栏等，并应将墙上的施工孔洞堵塞密实。

（4）水泥砂浆抹灰层应在湿润条件下养护。

（二）仪器和机具准备

2m 靠尺和楔形塞尺、2m 垂直检测尺、钢尺、5m 线、小锤等。

（三）检验标准与方法

装饰抹灰质量检验标准与检验方法见表 5-11。

装饰抹灰质量检验标准与检验方法　　　　　　　表 5-11

项目	序号	检查项目	允许偏差或允许值		检 查 方 法
			单位	数值	
主控项目	1	基层处理	按规范规定		检查施工记录
	2	材料要求	按规范规定		检查产品合格证书进场验收记录复验报告和施工记录
	3	操作要求	按规范规定		检查隐蔽工程验收记录和施工记录
	4	各层应结合牢固	无空鼓、裂纹		观察、用小锤轻击检查、检查施工记录

续表

项目	序号	检查项目	允许偏差或允许值		检查方法
			单位	数值	
一般项目	1	表面质量	按规范规定		观察、手摸检查
	2	分格缝设置	按规范规定		观察
	3	滴水线（槽）	按规范规定		观察和钢尺检查
	4	允许偏差	按规范规定		按规范规定

复习思考题

1. 抹灰工程检验批的划分和检查数量？
2. 一般抹灰工程检验要点有哪些内容？
3. 一般抹灰工程质量验收的主控项目有哪些？
4. 装饰抹灰工程质量验收的检查项目有哪些？

完成任务要求

1. 完成施工现场已完工程的检验。
2. 查阅相关资料，熟悉清水砌体勾缝工程的检验标准和检验方法。

任务3 门窗工程检验

【引导问题】

1. 常用的门窗都有哪些？
2. 木门窗的五金配件有哪些？
3. 特种门包括哪些？

【工作任务】

通过对已完工程的质量进行检验，确定其是否符合验收规范的规定。

【学习参考资料】

1. 《建筑施工技术》（第三版）姚谨英主编
2. 《建筑装饰装修工程施工质量验收规范》GB 50210—2001
3. 《建筑工程施工质量验收统一标准》GB 50300—2001
4. 建筑施工手册

一、一般规定

1. 门窗工程应对下列材料及其性能指标进行复验

（1）人造木板的甲醛含量；

（2）建筑外墙金属窗、塑料窗的抗风压性能、空气渗透性能和雨水渗漏性能。

2. 门窗工程应对下列隐蔽工程项目进行验收

(1) 预埋件和锚固件;

(2) 隐蔽部位的防腐、填嵌处理。

3. 各分项工程的检验批应按下列规定划分

(1) 同一品种、类型和规格的木门窗、金属门窗、塑料门窗及门窗玻璃每 100 樘应划分为一个检验批,不足 100 樘也应划分为一个检验批;

(2) 同一品种、类型和规格的特种门每 50 樘应划分为一个检验批,不足 50 樘也应划分为一个检验批。

4. 检查数量应符合下列规定

(1) 木门窗、金属门窗、塑料门窗及门窗玻璃,每个检验批应至少抽查 5%,并不得少于 3 樘,不足 3 樘时应全数检查;高层建筑的外窗,每个检验批应至少抽查 10%,并不得少于 6 樘,不足 6 樘时应全数检查。

(2) 特种门每个检验批应至少抽查 50%,并不得少于 10 樘,不足 10 樘时应全数检查。

二、木门窗制作与安装工程

(一) 检验要点

(1) 门窗安装前应对门窗洞口尺寸进行检验。

(2) 木门窗与砖石砌体、混凝土或抹灰层接触处应进行防腐处理并应设置防潮层,埋入砌体或混凝土中的木砖应进行防腐处理。

(3) 建筑外门窗的安装必须牢固。

(4) 在砌体上安装门窗严禁用射钉固定。

(二) 仪器和机具准备

1m 垂直检测尺、靠尺、塞尺、5m 线、直角检测尺、钢尺等。

(三) 检验标准与方法

木门窗制作与安装工程质量检验标准与检验方法见表 5-12。

木门窗制作与安装工程质量检验标准与检验方法　　　　表 5-12

项目	序号	检查项目	允许偏差或允许值		检查方法
			单位	数值	
主控项目	1	木材质量	按规范规定		观察、检查材料进场验收记录和复验报告
	2	含水率	按规范规定		检查材料进场验收记录
	3	防火、防腐、防虫	按设计要求		观察、检查材料进场验收记录
	4	木节处理	按规范规定		观察
	5	双榫连接	按规范规定		观察
	6	胶合板门、纤维板门和模压门制作	按规范规定		观察
	7	木门窗的品种、类型、规格、开启方向、安装位置及连接方式	设计要求		观察、尺量检查、检查成品门的产品合格证书

续表

项目	序号	检查项目	允许偏差或允许值		检查方法
			单位	数值	
主控项目	8	框的安装	设计要求		观察、手扳检查、检查隐蔽工程验收记录和施工记录
	9	扇安装	规范规定		观察、开启和关闭检查、手扳检查
	10	门窗配件	规范规定		观察、开启和关闭检查、手扳检查
一般项目	1	门窗表面	规范规定		观察
	2	割角、裁口	规范规定		观察
	3	槽孔质量	规范规定		观察
	4	与墙体缝隙	规范规定		轻敲门窗框检查、检查隐蔽工程验收记录和施工记录
	5	批水、盖口条、压缝条、密封条	规范规定		观察、手扳检查
	6	制作与安装的允许偏差	见规范规定		见规范规定

三、金属门窗安装

（一）检验要点

（1）门窗安装前应对门窗洞口尺寸进行检验。

（2）金属门窗安装应采用预留洞口的方法施工，不得采用边安装边砌口或先安装后砌口的方法施工。

（3）当金属窗组合时，其拼樘料的尺寸、规格、壁厚应符合设计要求。

（4）建筑外门窗的安装必须牢固。在砌体上安装门窗严禁用射钉固定。

（二）仪器和机具准备

1m 垂直检测尺、靠尺、塞尺、5m 线、钢尺、弹簧秤等。

（三）检验标准与方法

金属门窗安装工程质量检验标准与检验方法见表 5-13。

金属门窗安装工程质量检验标准与检验方法　　　　　表 5-13

项目	序号	检查项目	允许偏差或允许值		检查方法
			单位	数值	
主控项目	1	门窗的品种、类型、规格、开启方向、安装位置及连接方式、防腐、密封处理	按设计要求		观察、尺量检查、检查产品合格证、性能检测报告、进场验收记录和复验报告、检查隐蔽工程验收记录
	2	框的安装	按设计要求		手扳检查、检查隐蔽工程验收记录
	3	扇安装	按规范规定		观察、开启和关闭检查、手扳检查
	4	门窗配件质量及安装	按规范规定		观察、开启和关闭检查、手扳检查

项目	序号	检 查 项 目	允许偏差或允许值		检 查 方 法
			单位	数值	
一般项目	1	门窗表面质量	按规范规定		观察
	2	铝合金门窗推拉力	不大于 100N		用弹簧秤检查
	3	与墙体缝隙	按规范规定		观察、轻敲门窗框检查、检查隐蔽工程验收记录
	4	密封条	按规范规定		观察、开启和关闭检查
	5	排水孔	按规范规定		观察
	6	安装的允许偏差	按规范规定		按规范规定

四、塑料门窗安装

（一）检验要点

（1）门窗安装前应对门窗洞口尺寸进行检验。

（2）塑料门窗安装应采用预留洞口的方法施工，不得采用边安装边砌口或先安装后砌口的方法施工。

（3）当塑料窗组合时，其拼樘料的尺寸、规格、壁厚应符合设计要求。

（4）建筑外门窗的安装必须牢固。在砌体上安装门窗严禁用射钉固定。

（二）仪器和机具准备

1m 垂直检测尺、靠尺、塞尺、5m 线、钢尺、弹簧秤等。

（三）检验标准与方法

塑料门窗安装质量检验标准与检验方法见表 5-14。

塑料门窗安装工程质量检验标准与检验方法　　　　　　　　表 5-14

项目	序号	检 查 项 目	允许偏差或允许值		检 查 方 法
			单位	数值	
主控项目	1	门窗的品种、类型、规格、开启方向、安装位置及连接方式、防腐、密封处理	按设计要求		观察、尺量检查、检查产品合格证、性能检测报告、进场验收记录和复验报告、检查隐蔽工程验收记录
	2	框、扇的安装	按设计要求		手扳检查、检查隐蔽工程验收记录
	3	内衬增强型钢	按规范规定		观察、手扳检查、尺量检查、检查进场验收记录
	4	扇开关灵活	按规范规定		观察、开启和关闭检查、手扳检查
	5	门窗配件质量及安装	按规范规定		观察、尺量检查、手扳检查
	6	与墙体缝隙填嵌	按规范规定		观察、检查隐蔽工程验收记录

续表

项目	序号	检查项目	允许偏差或允许值		检查方法
			单位	数值	
一般项目	1	门窗表面质量	按规范规定		观察
	2	密封条与间隙	按规范规定		观察
	3	门窗开关力	按规范规定		观察、用弹簧秤检查
	4	玻璃密封条、玻璃槽口	按规范规定		观察
	5	排水孔	按规范规定		观察
	6	安装的允许偏差	按规范规定		按规范规定

复习思考题

1. 门窗工程材料需要复验哪些内容？

2. 门窗工程检验批如何划分？

3. 门窗工程检验数量如何确定？

4. 塑料门窗质量验收的主控项目有哪些？

完成任务要求

1. 完成施工现场已完工程的检验。

2. 查阅相关资料，熟悉特种门的检验标准和检验方法。

任务4 吊顶工程检验

【引导问题】

1. 吊顶的构造组成是什么？

2. 吊顶工程的施工工艺是什么？

3. 饰面板的安装方法有哪些？

【工作任务】

通过对已完工程的质量进行检验，确定其是否符合验收规范的规定。

【学习参考资料】

1.《建筑施工技术（第三版）》姚谨英主编

2.《建筑装饰装修工程施工质量验收规范》GB 50210—2001

3.《建筑工程施工质量验收统一标准》GB 50300—2001

4. 建筑施工手册

一、一般规定

（1）吊顶工程应对下列隐蔽工程项目进行验收：

1）吊顶内管道设备的安装及水管试压；

2）木龙骨防火、防腐处理；

3）预埋件或拉结筋；

4）吊杆安装；

5）龙骨安装；

6）填充材料的设置。

（2）各分项工程的检验批应按下列规定划分：

同一品种的吊顶工程每 50 间（大面积房间和走廊按吊顶面积 30m² 为一间）应划分为一个检验批，不足 50 间也应划分为一个检验批。

（3）每个检验批应至少抽查 10％，并不得少于 3 间，不足 3 间时应全数检查。

二、暗龙骨吊顶工程

（一）检验要点

（1）吊顶工程应对人造木板的甲醛含量进行复验。

（2）安装龙骨前，应按设计要求对房间净高、洞口标高和吊顶内管道、设备及其支架的标高进行交接检验。

（3）吊顶工程的木吊杆、木龙骨和木饰面板必须进行防火处理，并应符合有关设计防火规范的规定。

（4）吊顶工程中的预埋件、钢筋吊杆和型钢吊杆应进行防锈处理。

（5）安装饰面板前应完成吊顶内管道和设备的调试及验收。

（6）吊杆距主龙骨端部距离不得大于 300mm，当大于 300mm 时，应增加吊杆。当吊杆长度大于 1.5m 时，应设置反支撑。当吊杆与设备相遇时，应调整并增设吊杆。

（7）重型灯具、电扇及其他重型设备严禁安装在吊顶工程的龙骨上。

（二）仪器和机具准备

钢尺等。

（三）检验标准与方法

暗龙骨吊顶工程质量检验标准与检验方法见表 5-15。

暗龙骨吊顶工程质量检验标准与检验方法　　　　　　表 5-15

项目	序号	检查项目	允许偏差或允许值		检查方法
			单位	数值	
主控项目	1	标高、尺寸、起拱和造型	按设计要求		观察、尺量检查
	2	饰面材料	按设计要求		观察、检查产品合格证书、性能检测报告、进场验收记录和复验报告
	3	吊杆、龙骨和饰面材料的安装	按设计要求		观察、手扳检查、检查隐蔽工程验收记录和施工记录
	4	吊杆、龙骨材质、间距及连接方式	按规范规定		观察、尺量检查、检查产品合格证书、性能检测报告、进场验收记录和隐蔽工程验收记录
	5	石膏板的接缝	按规范规定		观察

续表

项目	序号	检查项目	允许偏差或允许值		检查方法
			单位	数值	
一般项目	1	表面质量	按规范规定		观察、尺量检查
	2	饰面板上的设备	按规范规定		观察
	3	金属吊杆、龙骨的接缝	按规范规定		检查隐蔽工程验收记录和施工记录
	4	吊顶内填充吸声材料	按规范规定		检查隐蔽工程验收记录和施工记录
	5	允许偏差	按规范规定		按规范规定

三、明龙骨吊顶工程

（一）检验要点

（1）吊顶工程应对人造木板的甲醛含量进行复验。

（2）安装龙骨前，应按设计要求对房间净高、洞口标高和吊顶内管道、设备及其支架的标高进行交接检验。

（3）吊顶工程的木吊杆、木龙骨和木饰面板必须进行防火处理，并应符合有关设计防火规范的规定。

（4）吊顶工程中的预埋件、钢筋吊杆和型钢吊杆应进行防锈处理。

（5）安装饰面板前应完成吊顶内管道和设备的调试及验收。

（6）吊杆距主龙骨端部距离不得大于 300mm，当大于 300mm 时，应增加吊杆。当吊杆长度大于 1.5m 时，应设置反支撑。当吊杆与设备相遇时，应调整并增设吊杆。

（7）重型灯具、电扇及其他重型设备严禁安装在吊顶工程的龙骨上。

（二）仪器和机具准备

钢尺等。

（三）检验标准与方法

明龙骨吊顶工程质量检验标准与检验方法见表 5-16。

明龙骨吊顶工程质量检验标准与检验方法 表 5-16

项目	序号	检查项目	允许偏差或允许值		检查方法
			单位	数值	
主控项目	1	标高、尺寸、起拱和造型	按设计要求		观察、尺量检查
	2	饰面材料	按设计要求		观察、检查产品合格证书、性能检测报告、进场验收记录和复验报告
	3	饰面材料的安装	按设计要求		观察、手扳检查、尺量检查
	4	吊杆、龙骨材质	按规范规定		观察、尺量检查、检查产品合格证书、进场验收记录和隐蔽工程验收记录
	5	吊杆、龙骨的安装	必须牢固		手扳检查、检查隐蔽工程验收记录和施工记录

续表

项目	序号	检 查 项 目	允许偏差或允许值		检 查 方 法
			单位	数值	
一般项目	1	表面质量	按规范规定		观察、尺量检查
	2	饰面板上的设备	按规范规定		观察
	3	龙骨的接缝	按规范规定		观察
	4	吊顶内填充吸声材料	按规范规定		检查隐蔽工程验收记录和施工记录
	5	允许偏差	按规范规定		按规范规定

复习思考题

1. 吊顶工程隐蔽验收的项目有哪些？

2. 吊顶工程检验批如何划分？

3. 吊杆安装的注意事项有哪些？

4. 暗龙骨安装的允许偏差项目有哪些？

完成任务要求

完成施工现场已完工程的检验。

任务5　轻质隔墙工程检验

【引导问题】

1. 隔墙的分类都有哪些？

2. 骨架隔墙的施工工艺？

【工作任务】

通过对已完工程的质量进行检验，确定其是否符合验收规范的规定。

【学习参考资料】

1. 《建筑施工技术（第三版）》姚谨英主编

2. 《建筑装饰装修工程施工质量验收规范》GB 50210—2001

3. 《建筑工程施工质量验收统一标准》GB 50300—2001

4. 建筑施工手册

一、一般规定

（1）轻质隔墙工程应对下列隐蔽工程项目进行验收：

1）骨架隔墙中设备管线的安装及水管试压；

2）木龙骨防火、防腐处理；

3）预埋件或拉结筋；

4）龙骨安装；

5）填充材料的设置。

（2）各分项工程的检验批应按下列规定划分：

同一品种的轻质隔墙工程每50间（大面积房间和走廊按轻质隔墙的墙面30m²为一间）应划分为一个检验批，不足50间也应划分为一个检验批。

二、板材隔墙工程

（一）检验要点

（1）轻质隔墙工程应对人造木板的甲醛含量进行复验。

（2）轻质隔墙与顶棚和其他墙体的交接处应采取防开裂措施。

（3）板材隔墙工程的检查数量为每个检验批应至少抽查10%，并不得少于3间，不足3间时应全数检查。

（二）仪器和机具准备

2m垂直检测尺、2m靠尺、塞尺、5m线、钢尺等。

（三）检验标准与方法

板材隔墙工程质量检验标准与检验方法见表5-17。

板材隔墙工程质量检验标准与检验方法　　　　　表5-17

项目	序号	检查项目	允许偏差或允许值		检查方法
			单位	数值	
主控项目	1	隔墙板材的要求	按设计要求		观察、检查产品合格证书、进场验收记录和性能检测报告
	2	预埋件、连接件	按设计要求		观察、尺量检查、检查隐蔽工程验收记录
	3	板材安装质量	按规范规定		观察、手扳检查
	4	接缝处理	按设计要求		观察、检查产品合格证、施工记录
一般项目	1	板材安装位置	按规范规定		观察、尺量检查
	2	表面质量	按规范规定		观察、手摸检查
	3	孔洞、槽、盒	按规范规定		观察
	4	安装的允许偏差	按规范规定		按规范规定

三、骨架隔墙工程检验

（一）检验要点

（1）轻质隔墙工程应对人造木板的甲醛含量进行复验。

（2）轻质隔墙与顶棚和其他墙体的交接处应采取防开裂措施。

（3）板材隔墙工程的检查数量为每个检验批应至少抽查10%，并不得少于3间，不足3间时应全数检查。

（二）仪器和机具准备

2m垂直检测尺、2m靠尺、塞尺、5m线、钢尺等。

（三）检验标准与方法

骨架隔墙工程质量检验标准与检验方法见表 5-18。

骨架隔墙工程质量检验标准与检验方法　　　　　　　表 5-18

项目	序号	检 查 项 目	允许偏差或允许值		检 查 方 法
			单位	数值	
主控项目	1	材料要求	按设计要求		观察、检查产品合格证、性能检测报告、进场验收记录和复验报告
	2	边框龙骨的安装	按规范规定		手扳检查、检查隐蔽工程验收记录
	3	中龙骨的安装	按规范规定		检查隐蔽工程验收记录
	4	防火和防腐处理	按规范规定		检查隐蔽工程验收记录
	5	墙面板的安装	按规范规定		观察、手扳检查
	6	墙面板的接缝材料及方法	按规范规定		观察
一般项目	1	表面质量	按规范规定		观察、手摸检查
	2	孔洞、槽、盒	按规范规定		观察
	3	填充材料	按规范规定		轻敲检查、检查隐蔽工程验收记录
	4	安装的允许偏差	按规范规定		按规范规定

四、活动隔墙工程检验

（一）检验要点

（1）轻质隔墙工程应对人造木板的甲醛含量进行复验。

（2）轻质隔墙与顶棚和其他墙体的交接处应采取防开裂措施。

（3）板材隔墙工程的检查数量为每个检验批应至少抽查 20%，并不得少于 6 间，不足 6 间时应全数检查。

（二）仪器和机具准备

2m 垂直检测尺、2m 靠尺、塞尺、5m 线、钢尺等。

（三）检验标准与方法

活动隔墙工程质量检验标准与检验方法见表 5-19。

活动隔墙工程质量检验标准与检验方法　　　　　　　表 5-19

项目	序号	检 查 项 目	允许偏差或允许值		检 查 方 法
			单位	数值	
主控项目	1	材料要求	按设计要求		观察、检查产品合格证、性能检测报告、进场验收记录和复验报告
	2	轨道安装	按规范规定		尺量检查、手扳检查
	3	构配件安装	按规范规定		手扳检查、尺量检查、推拉检查
	4	制作方法、组合方式	按设计要求		观察

续表

项目	序号	检查项目	允许偏差或允许值		检 查 方 法
			单位	数值	
一般项目	1	表面质量	按规范规定		观察、手摸检查
	2	孔洞、槽、盒	按规范规定		观察、尺量检查
	3	隔墙推拉	无噪声		推拉检查
	4	安装的允许偏差	按规范规定		按规范规定

五、玻璃隔墙工程检验

（一）检验要点

（1）轻质隔墙工程应对人造木板的甲醛含量进行复验。

（2）轻质隔墙与顶棚和其他墙体的交接处应采取防开裂措施。

（3）板材隔墙工程的检查数量为每个检验批应至少抽查 20%，并不得少于 6 间，不足 6 间时应全数检查。

（二）仪器和机具准备

2m 垂直检测尺、2m 靠尺、塞尺、5m 线、钢尺等。

（三）检验标准与方法

玻璃隔墙工程质量检验标准与检验方法见表 5-20。

玻璃隔墙工程质量检验标准与检验方法　　　　表 5-20

项目	序号	检查项目	允许偏差或允许值		检 查 方 法
			单位	数值	
主控项目	1	材料要求	按设计要求		观察、检查产品合格证、性能检测报告、进场验收记录
	2	安装方法	按规范规定		观察
	3	拉接筋	按规范规定		手扳检查、尺量检查、检查隐蔽工程验收记录
	4	安装质量	按规范规定		观察、手推检查、检查施工记录
一般项目	1	表面质量	按规范规定		观察
	2	接缝质量	按规范规定		观察
	3	勾缝质量	按规范规定		观察
	4	安装的允许偏差	按规范规定		按规范规定

复习思考题

1. 隔墙工程隐蔽验收哪些内容？

2. 隔墙工程检验批如何划分？

3. 隔墙安装的允许偏差项目有哪些？

完成任务要求

完成施工现场已完工程的检验。

任务 6　饰面板（砖）工程检验

【引导问题】

1. 施工准备工作都有哪些内容？

2. 饰面砖镶贴方法有哪些？

3. 饰面板安装方法有哪些？

【工作任务】

通过对已完工程的质量进行检验，确定其是否符合验收规范的规定。

【学习参考资料】

1.《建筑施工技术（第三版）》姚谨英主编

2.《建筑装饰装修工程施工质量验收规范》GB 50210—2001

3.《建筑工程施工质量验收统一标准》GB 50300—2001

4. 建筑施工手册

一、一般规定

1. 饰面板（砖）工程应对下列材料及其性能指标进行复验

（1）室内用花岗石的放射性；

（2）粘贴用水泥的凝结时间安定性和抗压强度；

（3）外墙陶瓷面砖的吸水率；

（4）寒冷地区外墙陶瓷面砖的抗冻性。

2. 饰面板（砖）工程应对下列隐蔽工程项目进行验收

（1）预埋件（或后置埋件）；

（2）连接节点；

（3）防水层。

3. 各分项工程的检验批应按下列规定划分

（1）相同材料、工艺和施工条件的室内饰面板（砖）工程，每 50 间（大面积房间和走廊按施工面积 30m² 为一间）应划分为一个检验批，不足 50 间也应划分为一个检验批；

（2）相同材料、工艺和施工条件的室外饰面板（砖）工程，每 500～1000m² 应划分为一个检验批，不足 500m² 也应划分为一个检验批。

4. 检查数量应符合下列规定

（1）室内每个检验批应至少抽查 10%，并不得少于 3 间，不足 3 间时应全数检查。

（2）室外每个检验批每 100m² 应至少抽查一处，每处不得小于 10m²。

二、饰面板安装工程

（一）检验要点

（1）适用于内墙饰面板安装工程和高度不大于24m、防震设防烈度不大于7度的外墙饰面板安装工程的质量验收。

（2）外墙饰面砖粘贴前和施工过程中，均应在相同基层上做样板件，并对样板件的饰面砖粘结强度进行检验。

（3）饰面板（砖）工程的防震缝、伸缩缝、沉降缝等部位的处理应保证缝的使用功能和饰面的完整性。

（二）仪器和机具准备

2m垂直检测尺、2m靠尺、塞尺、5m线、钢尺等。

（三）检验标准与方法

饰面板安装工程质量检验标准与检验方法见表5-21。

饰面板安装工程质量检验标准与检验方法　　　　表5-21

项目	序号	检查项目	允许偏差或允许值		检查方法
			单位	数值	
主控项目	1	材料质量	按规范规定		观察、检查产品合格证、性能检测报告、进场验收记录
	2	孔、槽位置及尺寸	按规范规定		检查进场验收记录和施工记录
	3	饰面板安装	按设计要求		手扳检查、检查进场验收记录、现场拉拔检测报告、隐蔽工程验收记录和施工记录
一般项目	1	表面质量	按规范规定		观察
	2	嵌缝质量	按规范规定		观察、尺量检查
	3	湿作业施工质量	按规范规定		用小锤轻击检查、检查施工记录
	4	孔洞套割质量	按规范规定		观察
	5	安装的允许偏差	按规范规定		按规范规定

三、饰面砖粘贴

（一）检验要点

（1）适用于内墙饰面砖粘贴工程和高度不大于100m、防震设防烈度不大于8度、采用满粘法施工的外墙饰面砖粘贴工程的质量验收。

（2）外墙饰面砖粘贴前和施工过程中，均应在相同基层上做样板件，并对样板件的饰面砖粘结强度进行检验。

（3）饰面板（砖）工程的防震缝、伸缩缝、沉降缝等部位的处理应保证缝的使用功能和饰面的完整性。

（二）仪器和机具准备

2m垂直检测尺、2m靠尺、塞尺、5m线、直角检测尺、钢尺、小锤等。

（三）检验标准与方法

饰面砖粘贴工程质量检验标准与检验方法见表5-22。

饰面砖粘贴工程质量检验标准与检验方法 表5-22

项目	序号	检查项目	允许偏差或允许值		检查方法
			单位	数值	
主控项目	1	材料质量	按设计要求		观察、检查产品合格证、性能检测报告、进场验收记录和复验报告
	2	粘贴材料质量	按设计要求和规范规定		检查产品合格证和复验报告、检查隐蔽工程验收记录
	3	饰面砖粘贴	必须牢固		检查样板件粘贴强度检测报告和施工记录
	4	满粘法施工质量	按规范规定		观察、用小锤轻击检查
一般项目	1	表面质量	按规范规定		观察
	2	阴阳角搭接、非整砖使用	按设计要求		观察
	3	墙面突出物周围	按规范规定		观察、尺量检查
	4	接缝质量	按规范规定		观察、尺量检查
	5	排水做法	按规范规定		观察、用水平尺检查
	6	粘贴的允许偏差	按规范规定		按规范规定

复习思考题

1. 饰面板（砖）工程材料需要复验哪些内容？
2. 饰面板（砖）工程检验批如何划分？
3. 饰面板（砖）工程检验数量如何确定？
4. 饰面板安装质量验收的主控项目有哪些？

完成任务要求

完成施工现场已完工程的检验。

任务7 幕墙工程检验

【引导问题】

1. 幕墙工程的分类都有哪些？
2. 玻璃幕墙安装的要点有哪些？
3. 幕墙工程质量与安全管理包括哪些内容？

【工作任务】

通过对已完工程的质量进行检验，确定其是否符合验收规范的规定。

【学习参考资料】

1. 《建筑施工技术（第三版）》姚谨英主编

2. 建筑装饰装修工程施工质量验收规范（GB 50210—2001）

3. 建筑工程施工质量验收统一标准（GB 50300—2001）

4. 建筑施工手册

一、一般规定

1. 幕墙工程应对下列材料及其性能指标进行复验

（1）铝塑复合板的剥离强度；

（2）石材的弯曲强度，寒冷地区石材的耐冻融性，室内用花岗石的放射性；

（3）玻璃幕墙用结构胶的邵氏硬度、标准条件拉伸粘结强度、相容性试验，石材用结构胶的粘结强度，石材用密封胶的污染性。

2. 幕墙工程应对下列隐蔽工程项目进行验收

（1）预埋件（或后置埋件）；

（2）构件的连接节点；

（3）变形缝及墙面转角处的构造节点；

（4）幕墙防雷装置；

（5）幕墙防火构造。

3. 各分项工程的检验批应按下列规定划分

（1）相同设计、材料、工艺和施工条件的幕墙工程，每 500～1000m² 应划分为一个检验批，不足 500m² 也应划分为一个检验批；

（2）同一单位工程不连续的幕墙工程应单独划分检验批；

（3）对于异型或有特殊要求的幕墙，检验批的划分应根据幕墙的结构、工艺特点及幕墙工程规模，由监理单位（或建设单位）和施工单位协商确定。

4. 检查数量应符合下列规定

（1）每个检验批每 100m² 应至少抽查一处，每处不得小于 10m²。

（2）对于异型或有特殊要求的幕墙工程，应根据幕墙的结构和工艺特点，由监理单位（或建设单位）和施工单位协商确定。

二、玻璃幕墙工程

（一）检验要点

（1）幕墙及其连接件应具有足够的承载力、刚度和相对于主体结构的位移能力。幕墙构架立柱的连接金属角码与其他连接件应采用螺栓连接，并应有防松动措施。

（2）隐框、半隐框幕墙所采用的结构粘结材料必须是中性硅酮结构密封胶，其性能、粘接强度必须符合规范的规定，硅酮结构密封胶必须在有效期内使用，并应在温度 15～30℃，相对湿度 50％ 以上洁净的室内进行，不得在现场墙上打注。

（3）主体结构与幕墙连接的各种预埋件，其数量、规格、位置和防腐处理必须符合设计要求。

（4）幕墙的金属框架与主体结构预埋件的连接、立柱与横梁的连接及幕墙面板的安装必须符合设计要求，安装必须牢固。

（5）幕墙的抗震缝、伸缩缝、沉降缝等部位的处理应保证缝的使用功能和饰面的完整性，幕墙工程的设计应满足维护和清洁的要求。

（二）仪器和机具准备

经纬仪、水平仪、2m 垂直检测尺、2m 靠尺、塞尺、5m 线、直角检测尺、钢尺、小锤等。

（三）检验标准与方法

玻璃幕墙工程质量检验标准与检验方法见表 5-23。

玻璃幕墙工程质量检验标准与检验方法　　　　表 5-23

项目	序号	检查项目	允许偏差或允许值		检查方法
			单位	数值	
主控项目	1	材料、构件、组件的质量	按规范规定		检查产品合格证书、材料进场验收记录、性能检测报告和复验报告
	2	造型和立面分格	按设计要求		观察、尺量检查
	3	玻璃要求	按规范规定		观察、尺量检查、检查施工记录
	4	预埋件、连接件、紧固件	按规范规定		观察、检查隐蔽工程验收记录和施工记录
	5	螺栓和焊接连接	按规范规定		观察、检查隐蔽工程验收记录和施工记录
	6	托条	按规范规定		观察、检查施工记录
	7	明框幕墙的玻璃安装	按设计要求和规范规定		观察、检查施工记录
	8	吊挂安装	按规范规定		观察、检查隐蔽工程验收记录和施工记录
	9	点支撑安装	按规范规定		设计要求和规范规定
	10	连接节点、变形缝	按设计要求和规范规定		观察、检查隐蔽工程验收记录和施工记录
	11	玻璃幕墙防水	无渗漏		淋水检查
	12	结构胶和密封胶	按设计要求和规范规定		观察、尺量检查、检查施工记录
	13	开启窗的安装	按规范规定		观察、手扳检查、开启和关闭检查
	14	防雷装置	按规范规定		观察、检查隐蔽工程验收记录和施工记录
一般项目	1	幕墙表面质量	按规范规定		观察
	2	每平方米玻璃表面质量	按规范规定		观察、尺量检查
	3	每分格铝合金型材表面质量	按规范规定		观察、尺量检查
	4	外露框或分格玻璃拼缝	按规范规定		观察、手扳检查、检查进场验收记录
	5	密封胶缝	按规范规定		观察、手摸检查
	6	防火、保温材料	按规范规定		检查隐蔽工程验收记录
	7	遮封装修	按规范规定		观察、手扳检查
	8	明框安装的允许偏差	按规范规定		按规范规定
	9	隐框、半隐框安装的允许偏差	按规范规定		按规范规定

三、金属幕墙工程

（一）检验要点

（1）幕墙及其连接件应具有足够的承载力、刚度和相对于主体结构的位移能力。幕墙构架立柱的连接金属角码与其他连接件应采用螺栓连接，并应有防松动措施。

（2）隐框、半隐框幕墙所采用的结构粘结材料必须是中性硅酮结构密封胶，其性能、粘接强度必须符合规范的规定，硅酮结构密封胶必须在有效期内使用，并应在温度 15～30℃，相对湿度 50％以上洁净的室内进行，不得在现场墙上打注。

（3）主体结构与幕墙连接的各种预埋件，其数量、规格、位置和防腐处理必须符合设计要求。

（4）幕墙的金属框架与主体结构预埋件的连接、立柱与横梁的连接及幕墙面板的安装必须符合设计要求，安装必须牢固。

（5）幕墙的抗震缝、伸缩缝、沉降缝等部位的处理应保证缝的使用功能和饰面的完整性，幕墙工程的设计应满足维护和清洁的要求。

（二）仪器和机具准备

经纬仪、水平仪、2m 垂直检测尺、2m 靠尺、塞尺、5m 线、直角检测尺、钢尺等。

（三）检验标准与方法

金属幕墙工程质量检验标准与检验方法见表 5-24。

金属幕墙工程质量检验标准与检验方法　　　　　　表 5-24

项目	序号	检查项目	允许偏差或允许值		检查方法
			单位	数值	
主控项目	1	材料、配件的质量	按规范规定		检查产品合格证书、材料进场验收记录、性能检测报告和复验报告
	2	造型和立面分格	按设计要求		观察、尺量检查
	3	金属面板要求	按规范规定		观察、检查进场验收记录
	4	预埋件、后置埋件	按规范规定		检查拉拔力检测报告和隐蔽工程验收记录
	5	连接安装	按规范规定		手扳检查、检查隐蔽工程验收记录
	6	防火、保温、防潮材料	按规范规定		检查隐蔽工程验收记录
	7	防腐处理	按设计要求		检查隐蔽工程验收记录和施工记录
	8	防雷装置	按规范规定		检查隐蔽工程验收记录
	9	连接节点	按设计要求和规范规定		观察、检查隐蔽工程验收记录
	10	密封胶	按设计要求和规范规定		观察、尺量检查、检查施工记录
	11	玻璃幕墙防水	无渗漏		淋水检查

续表

项目	序号	检查项目	允许偏差或允许值		检 查 方 法
			单位	数值	
一般项目	1	表面质量	按规范规定		观察
	2	压条	按规范规定		观察、手摸检查
	3	密封胶缝	按规范规定		观察
	4	滴水线、流水坡向	按规范规定		观察
	5	每平方米金属板表面质量	按规范规定		观察、尺量检查
	6	安装的允许偏差	按规范规定		按规范规定

四、石材幕墙工程

（一）检验要点

（1）幕墙及其连接件应具有足够的承载力、刚度和相对于主体结构的位移能力。幕墙构架立柱的连接金属角码与其他连接件应采用螺栓连接，并应有防松动措施。

（2）隐框、半隐框幕墙所采用的结构粘结材料必须是中性硅酮结构密封胶，其性能、粘接强度必须符合规范的规定，硅酮结构密封胶必须在有效期内使用，并应在温度 15～30℃，相对湿度 50％以上洁净的室内进行，不得在现场墙上打注。

（3）主体结构与幕墙连接的各种预埋件，其数量、规格、位置和防腐处理必须符合设计要求。

（4）幕墙的金属框架与主体结构预埋件的连接、立柱与横梁的连接及幕墙面板的安装必须符合设计要求，安装必须牢固。

（5）幕墙的抗震缝、伸缩缝、沉降缝等部位的处理应保证缝的使用功能和饰面的完整性，幕墙工程的设计应满足维护和清洁的要求。

（二）仪器和机具准备

经纬仪、水平仪、2m 垂直检测尺、2m 靠尺、塞尺、5m 线、直角检测尺、钢尺等。

（三）检验标准与方法

石材幕墙工程质量检验标准与检验方法见表 5-25。

石材幕墙工程质量检验标准与检验方法　　　　　　　　　　表 5-25

项目	序号	检查项目	允许偏差或允许值		检 查 方 法
			单位	数值	
主控项目	1	材料、配件的质量	按规范规定		观察、尺量检查、检查产品合格证书、材料进场验收记录、性能检测报告和复验报告
	2	造型和立面分格	按设计要求		观察
	3	孔、槽	按规范规定		检查进场验收记录或施工记录

项目	序号	检查项目	允许偏差或允许值		检查方法
			单位	数值	
主控项目	4	预埋件、后置埋件	按规范规定		检查拉拔力检测报告和隐蔽工程验收记录
	5	连接安装	按规范规定		手扳检查、检查隐蔽工程验收记录
	6	防腐处理	按设计要求		检查隐蔽工程验收记录和施工记录
	7	防雷装置	按规范规定		检查隐蔽工程验收记录
	8	防火、保温、防潮材料	按规范规定		检查隐蔽工程验收记录
	9	连接节点	按设计要求和规范规定		检查隐蔽工程验收记录和施工记录
	10	石材表面和板缝处理	按设计要求		观察
	11	密封胶	按设计要求和规范规定		观察、尺量检查、检查施工记录
	12	玻璃幕墙防水	无渗漏		淋水检查
一般项目	1	表面质量	按规范规定		观察
	2	压条	按规范规定		观察、手扳检查
	3	细部质量	按规范规定		观察、尺量检查
	4	密封胶缝	按规范规定		观察
	5	滴水线、流水坡向	按规范规定		观察、用水平尺检查
	6	每平方米石材表面质量	按规范规定		观察、尺量检查
	7	安装的允许偏差	按规范规定		按规范规定

复习思考题

1. 幕墙工程材料需要复验哪些内容?

2. 幕墙工程检验批如何划分?

3. 幕墙工程检验数量如何确定?

4. 玻璃幕墙质量验收的主要工具有哪些?

完成任务要求

完成施工现场已完工程的检验。

任务 8　涂饰工程检验

【引导问题】

1. 涂料的分类方法都有哪些?

2. 涂料的施工方法有哪些?

3. 涂料工程质量与安全管理包括哪些?

【工作任务】

通过对已完工程的质量进行检验，确定其是否符合验收规范的规定。

【学习参考资料】

1.《建筑施工技术（第三版）》姚谨英主编

2. 建筑装饰装修工程施工质量验收规范（GB 50210—2001）

3. 建筑工程施工质量验收统一标准（GB 50300—2001）

4. 建筑施工手册

一、一般规定

1. 各分项工程的检验批应按下列规定划分

（1）室外涂饰工程，每一栋楼的同类涂料涂饰的墙面每 $500\sim1000\text{m}^2$ 应划分为一个检验批，不足 500m^2 也应划分为一个检验批；

（2）室内涂饰工程，同类涂料涂饰的墙面每 50 间（大面积房间和走廊按涂饰面积 30m^2 为一间）应划分为一个检验批，不足 50 间也应划分为一个检验批。

2. 检查数量应符合下列规定

（1）室外涂饰工程每 100m^2 应至少检查一处，每处不得小于 10m^2。

（2）室内涂饰工程每个检验批应至少抽查 10%，并不得少于 3 间，不足 3 间时应全数检查。

二、水性涂料涂饰工程

（一）检验要点

（1）新建筑物的混凝土或抹灰基层，在涂饰涂料前应涂刷抗碱封闭底漆。

（2）旧墙面在涂饰涂料前应清除疏松的旧装修层并涂刷界面剂。

（3）混凝土或抹灰基层涂刷溶剂型涂料时，含水率不得大于 8%，涂刷乳液型涂料时，含水率不得大于 10%，木材基层的含水率不得大于 12%。

（4）基层腻子应平整、坚实、牢固，无粉化、起皮和裂缝，内墙腻子的粘结强度应符合规定。

（5）厨房卫生间墙面必须使用耐水腻子。

（6）水性涂料涂饰工程施工的环境温度应在 $5\sim35℃$ 之间。

（7）涂饰工程应在涂层养护期满后进行质量验收。

（二）检验标准与方法

水性涂料涂饰工程质量检验标准与检验方法见表 5-26。

水性涂料涂饰工程质量检验标准与检验方法　　　　表 5-26

项目	序号	检查项目	允许偏差或允许值		检查方法
			单位	数值	
主控项目	1	材料质量		按规范规定	检查产品合格证、性能检测报告、进场验收记录

项目	序号	检查项目	允许偏差或允许值		检查方法
			单位	数值	
主控项目	2	颜色、图案	按设计要求		观察
	3	涂饰质量	按规范规定		观察、手摸检查
	4	基层处理	按规范规定		观察、手摸检查、检查施工记录
一般项目	1	薄涂料质量	按规范规定		按规范规定
	2	厚涂料质量	按规范规定		按规范规定
	3	复层涂料质量	按规范规定		按规范规定
	4	与设备衔接处	按规范规定		观察

三、溶剂型涂料涂饰工程

（一）检验要点

（1）新建筑物的混凝土或抹灰基层在涂饰涂料前应涂刷抗碱封闭底漆。

（2）旧墙面在涂饰涂料前应清除疏松的旧装修层并涂刷界面剂。

（3）混凝土或抹灰基层涂刷溶剂型涂料时，含水率不得大于 8%，涂刷乳液型涂料时，含水率不得大于 10%，木材基层的含水率不得大于 12%。

（4）基层腻子应平整、坚实、牢固，无粉化、起皮和裂缝，内墙腻子的粘结强度应符合规定。

（5）厨房卫生间墙面必须使用耐水腻子。

（6）涂饰工程应在涂层养护期满后进行质量验收。

（二）检验标准与方法

溶剂型涂料涂饰工程质量检验标准与检验方法见表 5-27。

溶剂型涂料涂饰工程质量检验标准与检验方法   表 5-27

项目	序号	检查项目	允许偏差或允许值		检查方法
			单位	数值	
主控项目	1	材料质量	按规范规定		检查产品合格证、性能检测报告、进场验收记录
	2	颜色、图案	按设计要求		观察
	3	涂饰质量	按规范规定		观察、手摸检查
	4	基层处理	按规范规定		观察、手摸检查、检查施工记录
一般项目	1	色漆质量	按规范规定		按规范规定
	2	清漆质量	按规范规定		按规范规定
	3	与设备衔接处	按规范规定		观察

复习思考题

1. 水性涂料涂饰工程检验要点有哪些内容？
2. 涂饰工程检验批如何划分？
3. 涂饰工程检验数量如何确定？
4. 水性涂料质量验收的主控项目有哪些？

完成任务要求

1. 完成施工现场已完工程的检验。
2. 查阅相关资料，熟悉美术涂饰的检验标准和检验方法。

任务 9　裱糊与软包工程检验

【引导问题】

1. 裱糊常用材料都有哪些？
2. 裱糊工程的基层如何处理？
3. 裱糊工程的主要工序包括哪些？

【工作任务】

通过对已完工程的质量进行检验，确定其是否符合验收规范的规定。

【学习参考资料】

1. 《建筑施工技术（第三版）》姚谨英主编
2. 《建筑装饰装修工程施工质量验收规范》GB 50210—2001
3. 《建筑工程施工质量验收统一标准》GB 50300—2001
4. 建筑施工手册

一、一般规定

（1）分项工程的检验批应按下列规定划分：

同一品种的裱糊或软包工程每 50 间（大面积房间和走廊按施工面积 $30m^2$ 为一间）应划分为一检验批，不足 50 间也应划分为一个检验批。

（2）检查数量应符合下列规定：

1）裱糊工程每个检验批应至少抽查 10% 并不得少于 3 间，不足 3 间时应全数检查。

2）软包工程每个检验批应至少抽查 20%，并不得少于 6 间，不足 6 间时应全数检查。

二、裱糊工程

（一）检验要点

（1）新建筑物的混凝土或抹灰基层墙面在刮腻子前应涂刷抗碱封闭底漆。

（2）旧墙面在裱糊前应清除疏松的旧装修层并涂刷界面剂。

（3）混凝土或抹灰基层含水率不得大于 8%，木材基层的含水率不得大于 12%。

（4）基层腻子应平整、坚实、牢固，无粉化、起皮和裂缝，腻子的粘结强度应符合规定。

（5）基层表面平整度立面垂直度及阴阳角方正应达到规范高级抹灰的要求。

（6）基层表面颜色应一致。

（7）裱糊前应用封闭底胶涂刷基层。

（二）检验标准与方法

裱糊工程质量检验标准与检验方法见表 5-28。

裱糊工程质量检验标准与检验方法　　　　　　　　表 5-28

项目	序号	检查项目	允许偏差或允许值		检查方法
			单位	数值	
主控项目	1	壁纸、墙布	按设计要求和规范规定		观察、检查产品合格证、性能检测报告、进场验收记录
	2	基层处理	按规范规定		观察、手摸检查、检查施工记录
	3	拼接	按规范规定		观察、拼缝检查正视
	4	粘贴牢固	按规范规定		观察、手摸检查
一般项目	1	表面质量	按规范规定		观察、手摸检查
	2	复合压花壁纸	按规范规定		观察
	3	与各种装饰线、设备线盒交接	严密		观察
	4	边缘	按规范规定		观察
	5	阴阳角	按规范规定		观察

三、软包工程

（一）检验要点

（1）新建筑物的混凝土或抹灰基层墙面在刮腻子前应涂刷抗碱封闭底漆。

（2）旧墙面在裱糊前应清除疏松的旧装修层并涂刷界面剂。

（3）混凝土或抹灰基层含水率不得大于 8%，木材基层的含水率不得大于 12%。

（4）基层腻子应平整、坚实、牢固，无粉化、起皮和裂缝，腻子的粘结强度应符合规定。

（5）基层表面平整度立面垂直度及阴阳角方正应达到规范高级抹灰的要求。

（6）基层表面颜色应一致。

（7）裱糊前应用封闭底胶涂刷基层。

（二）仪器和机具准备

钢尺等。

（三）检验标准与方法

软包工程质量检验标准与检验方法见表 5-29。

软包工程质量检验标准与检验方法　表 5-29

项目	序号	检查项目	允许偏差或允许值		检查方法
			单位	数值	
主控项目	1	材料质量	按设计要求和规范规定		观察、检查产品合格证、性能检测报告、进场验收记录
	2	安装位置及构造做法	按设计要求		观察、尺量检查、检查施工记录
	3	安装质量	按规范规定		观察、手扳检查
	4	单块软包面料	按规范规定		观察、手摸检查
一般项目	1	表面质量	按规范规定		观察
	2	边框	按规范规定		观察、手摸检查
	3	木边框	按规范规定		观察
	4	安装的允许偏差	按规范规定		按规范规定

复习思考题

1. 裱糊工程检验要点有哪些内容？

2. 裱糊工程检验批如何划分？

3. 裱糊工程检验数量如何确定？

4. 软包工程质量验收的主控项目有哪些？

完成任务要求

完成施工现场已完工程的检验。

单元 6　建筑屋面工程检验

　　建筑防水工程质量的优劣，不仅关系到建筑物的使用寿命，而且直接影响到人们生产生活环境。建筑防水工程质量除了考虑设计的合理性和正确选择防水材料外，还要注意施工工艺和工程检验。

　　屋面防水工程是建筑物的重要工种工程，施工时每道工序完成后要经监理单位验收合格后，方可进行下道工序的施工，以保证屋面的防水效果。屋面工程除了考虑防水功能外，还要具有保温隔热作用，因此施工过程中要严格检查所用材料的质量，严格控制施工过程，以满足设计要求。

任务 1　卷材防水屋面工程检验

【引导问题】

1. 卷材防水屋面的构造组成是什么？

2. 卷材的铺贴顺序和方向如何确定？

3. 试述卷材铺贴的搭接要求？

【工作任务】

通过对已完工程的质量进行检验，确定其是否符合验收规范的规定。

【学习参考资料】

1. 建筑施工技术（第三版）姚谨英主编

2.《屋面工程质量验收规范》GB 50207—2002

3.《建筑工程施工质量验收统一标准》GB 50300—2001

4. 建筑施工手册

一、一般规定

　　（1）屋面工程应根据工程特点、地区自然条件等，按照屋面防水等级的设防要求，进行防水构造设计，重要部位应有详图；对屋面保温层的厚度，应通过计算确定。

　　（2）屋面工程施工前，施工单位应进行图纸会审，并应编制屋面工程施工方案或技术措施。

　　（3）屋面工程施工时，应建立各道工序的自检、交接检和专职人员检查的"三检"制度，并有完整的检查记录。每道工序完成，应经监理单位（或建设单位）检查验收，合格后方可进行下道工序的施工。

　　（4）屋面工程完工后，应按本规范的有关规定对细部构造、接缝、保护层等进行外观检验，并应进行淋水或蓄水检验。

（5）卷材防水屋面工程应按屋面面积每 $100m^2$ 抽查一处，每处 $10m^2$，且不得少于 3 处。

二、屋面找平层

（一）检验要点

（1）找平层的排水坡度应符合设计要求。平屋面采用结构找坡不应小于 3％，采用材料找坡宜为 2％；天沟、檐沟纵向找坡不应小于 1％，沟底水落差不得超过 200mm。

（2）基层与突出屋面结构（女儿墙、山墙、天窗壁、变形缝、烟囱等）的交接处和基层的转角处，找平层均应做成圆弧形，圆弧半径应符合要求。内部排水的水落口周围，找平层应做成略低的凹坑。

（3）找平层宜设分格缝，并嵌填密封材料。分格缝应留设在板端缝处，其纵横缝的最大间距：水泥砂浆或细石混凝土找平层，不宜大于 6m；沥青砂浆找平层，不宜大于 4m。

（二）仪器和机具准备

2m 靠尺和楔形塞尺、钢尺、5m 线、水平仪等。

（三）检验标准与方法

找平层质量检验标准与检验方法见表 6-1。

找平层质量检验标准与检验方法　　　　　　　表 6-1

项目	序号	检查项目	允许偏差或允许值		检查方法
			单位	数值	
主控项目	1	材料质量及配合比	按设计要求		检查出厂合格证明文件、质量检验报告和计量措施
	2	排水坡度	按设计要求		用水平仪（水平尺）、拉线和尺量检查
一般项目	1	交接处和转角处	按规范规定		观察和尺量检查
	2	表面质量	按规范规定		观察
	3	表面平整	按规范规定		观察和尺量检查
	4	楼梯踏步	按规范规定		观察和钢尺检查
	5	表面平整度	5mm		2m 靠尺和楔形塞尺检查

三、屋面保温层

（一）检验要点

（1）保温层应干燥，封闭式保温层的含水率应相当于该材料在当地自然风干状态下的平衡含水率。

（2）倒置式屋面应采用吸水率小、长期浸水不腐烂的保温材料。保温层上应用混凝土等块材、水泥砂浆或卵石做保护层；卵石保护层与保温层之间，应干铺一层无纺聚酯纤维布做隔离层。

（3）松散材料保温层施工应符合下列规定：

1）铺设松散材料保温层的基层应平整、干燥和干净。

2）保温层含水率应符合设计要求。

3）松散保温材料应分层铺设并压实，压实的程度与厚度应经试验确定。

4）保温层施工完成后，应及时进行找平层和防水层的施工；雨期施工时，保温层应采取遮盖措施。

（4）板状材料保温层施工应符合下列规定：

1）板状材料保温层的基层应平整、干燥和干净。

2）板状保温材料应紧靠在需保温的基层表面上，并应铺平垫稳。

3）分层铺设的板块上下层接缝应相互错开；板间缝隙应采用同类材料嵌填密实。

4）粘贴的板状保温材料应贴严、粘牢。

（5）整体现浇（喷）保温层施工应符合下列规定：

1）沥青膨胀蛭石、沥青膨胀珍珠岩宜用机械搅拌，并应色泽一致，无沥青团；压实程度根据试验确定，其厚度应符合设计要求，表面应平整。

2）硬质聚氨酯泡沫塑料应按配比准确计量，发泡厚度均匀一致。

（二）仪器和机具准备

钢尺等。

（三）检验标准与方法

保温层质量检验标准与检验方法见表6-2。

保温层质量检验标准与检验方法　　　　表6-2

项目	序号	检查项目	允许偏差或允许值		检查方法
			单位	数值	
主控项目	1	堆积密度或表观密度、导热系数以及板材的强度、吸水率	按设计要求		检查出厂合格证、质量检验报告和现场抽样复验报告
	2	含水率	按设计要求		检查现场抽样检验报告
一般项目	1	铺设要求	按规范规定		观察检查
	2	厚度偏差	按规范规定		钢针插入和用钢尺检查
	3	当倒置式屋面保护层采用卵石铺压	按规范规定		观察检查和按堆积密度计算其质（重）量

四、卷材防水层

（一）检验要点

（1）所选用的基层处理剂、接缝胶粘剂、密封材料等配套材料应与铺贴的卷材材性相容。

133

（2）在坡度大于 25% 的屋面上采用卷材作防水层时，应采取固定措施。固定点应密封严密。

（3）铺设屋面隔汽层和防水层前，基层必须干净、干燥。

（4）铺贴卷材采用搭接法时，上下层及相邻两幅卷材的搭接缝应错开。

（5）天沟、檐沟、檐口、泛水和立面卷材收头的端部应裁齐，塞入预留凹槽内，用金属压条钉压固定，最大钉距不应大于 900mm，并用密封材料嵌填封严。

（二）仪器和机具准备

钢尺等。

（三）检验标准与方法

卷材防水层质量检验标准与检验方法见表 6-3。

卷材防水层质量检验标准与检验方法　　　　　　　　　　　　　　表 6-3

项目	序号	检查项目	允许偏差或允许值		检查方法
			单位	数值	
主控项目	1	卷材及其配套材料	按设计要求		检查出厂合格证、质量检验报告和现场抽样复验报告
	2	防水层	不得有渗漏或积水现象		雨后或淋水、蓄水检验
	3	天沟、檐沟、檐口、水落口、泛水、变形缝和伸出屋面管道的防水构造	设计要求		观察检查和检查隐蔽工程验收记录
一般项目	1	搭接缝质量	按规范规定		观察
	2	保护层	按规范规定		观察
	3	排汽屋面	按规范规定		观察
	4	铺贴方向和搭接	按规范规定		观察和钢尺检查

复习思考题

1. 找平层如何设伸缩缝？

2. 松散材料保温层施工有哪些规定？

3. 卷材防水层质量验收的主控项目有哪些？

完成任务要求

完成施工现场已完工程的检验。

任务 2　涂膜防水屋面工程检验

【引导问题】

1. 防水涂料的类别分别是什么？

2. 试述涂膜防水屋面的施工工艺？

【工作任务】

通过对已完工程的质量进行检验，确定其是否符合验收规范的规定。

【学习参考资料】

1. 《建筑施工技术（第三版）》姚谨英主编

2. 《屋面工程质量验收规范》GB 50207—2002

3. 《建筑工程施工质量验收统一标准》GB 50300—2001

4. 建筑施工手册

一、一般规定

（1）屋面工程应根据工程特点、地区自然条件等，按照屋面防水等级的设防要求，进行防水构造设计，重要部位应有详图，对屋面保温层的厚度，应通过计算确定。

（2）屋面工程施工前，施工单位应进行图纸会审，并应编制屋面工程施工方案或技术措施。

（3）屋面工程施工时，应建立各道工序的自检、交接检和专职人员检查的"三检"制度，并有完整的检查记录。每道工序完成，应经监理单位（或建设单位）检查验收，合格后方可进行下道工序的施工。

（4）屋面工程完工后，应按本规范的有关规定对细部构造、接缝、保护层等进行外观检验，并应进行淋水或蓄水检验。

（5）涂膜防水屋面工程应按屋面面积每 100m² 抽查一处，每处 10m²，且不得少于 3 处。

二、屋面找平层

（一）检验要点

（1）找平层的排水坡度应符合设计要求。平屋面采用结构找坡不应小于 3%，采用材料找坡宜为 2%；天沟、檐沟纵向找坡不应小于 1%，沟底水落差不得超过 200mm。

（2）基层与突出屋面结构（女儿墙、山墙、天窗壁、变形缝、烟囱等）的交接处和基层的转角处，找平层均应做成圆弧形，圆弧半径应符合要求。内部排水的水落口周围，找平层应做成略低的凹坑。

（3）找平层宜设分格缝，并嵌填密封材料。分格缝应留设在板端缝处，其纵横缝的最大间距：水泥砂浆或细石混凝土找平层，不宜大于 6m；沥青砂浆找平层，不宜大于 4m。

（二）仪器和机具准备

2m 靠尺和楔形塞尺、钢尺、5m 线、水平尺等。

（三）检验标准与方法

找平层质量检验标准与检验方法见表 6-4。

找平层质量检验标准与检验方法

表 6-4

项目	序号	检查项目	允许偏差或允许值		检查方法
			单位	数值	
主控项目	1	材料质量及配合比	设计要求		检查出厂合格证明文件、质量检验报告和计量措施
	2	排水坡度	设计要求		用水平仪（水平尺）、拉线和尺量检查
一般项目	1	交接处和转角处	规范规定		观察和尺量检查
	2	表面质量	规范规定		观察
	3	表面平整	规范规定		观察和尺量检查
	4	楼梯踏步	规范规定		观察和钢尺检查
	5	表面平整度	mm	5	2m 靠尺和楔形塞尺检查

三、屋面保温层

（一）检验要点

（1）保温层应干燥，封闭式保温层的含水率应相当于该材料在当地自然风干状态下的平衡含水率。

（2）倒置式屋面应采用吸水率小、长期浸水不腐烂的保温材料。保温层上应用混凝土等块材、水泥砂浆或卵石做保护层；卵石保护层与保温层之间，应干铺一层无纺聚酯纤维布做隔离层。

（3）松散材料保温层施工应符合下列规定：

1）铺设松散材料保温层的基层应平整、干燥和干净。

2）保温层含水率应符合设计要求。

3）松散保温材料应分层铺设并压实，压实的程度与厚度应经试验确定。

4）保温层施工完成后，应及时进行找平和防水层的施工；雨期施工时，保温层应采取遮盖措施。

（4）板状材料保温层施工应符合下列规定：

1）板状材料保温层的基层应平整、干燥和干净。

2）板状保温材料应紧靠在需保温的基层表面上，并应铺平垫稳。

3）分层铺设的板块上下层接缝应相互错开；板间缝隙应采用同类材料嵌填密实。

4）粘贴的板状保温材料应贴严、粘牢。

（5）整体现浇（喷）保温层施工应符合下列规定：

1）沥青膨胀蛭石、沥青膨胀珍珠岩宜用机械搅拌，并应色泽一致，无沥青团；压实程度根据试验确定，其厚度应符合设计要求，表面应平整。

2）硬质聚氨酯泡沫塑料应按配比准确计量，发泡厚度均匀一致。

（二）仪器和机具准备

钢尺等。

（三）检验标准与方法

保温层质量检验标准与检验方法见表 6-5。

保温层质量检验标准与检验方法　　　　　　　　表 6-5

项目	序号	检查项目	允许偏差或允许值		检查方法
			单位	数值	
主控项目	1	堆积密度或表观密度、导热系数以及板材的强度、吸水率	按设计要求		检查出厂合格证、质量检验报告和现场抽样复验报告
	2	含水率	按设计要求		检查现场抽样检验报告
一般项目	1	铺设要求	按规范规定		观察
	2	厚度偏差	按规范规定		钢针插入和用钢尺检查
	3	当倒置式屋面保护层采用卵石铺压	按规范规定		观察和按堆积密度计算其质（重）量

四、涂膜防水层

（一）检验要点

（1）涂膜应根据防水涂料的品种分层分遍涂布，不得一次涂成。应待先涂的涂层干燥成膜后，方可涂后一遍涂料。

（2）需铺设胎体增强材料时，屋面坡度小于 15％ 时可平行屋脊铺设，屋面坡度大于 15％ 时应垂直于屋脊铺设。胎体长边搭接宽度不应小于 50mm，短边搭接宽度不应小于 70mm。

（3）采用二层胎体增强材料时，上下层不得相互垂直铺设，搭接缝应错开，其间距不应小于幅宽的 1/3。

（4）多组分涂料应按配合比准确计量，搅拌均匀，并应根据有效时间确定使用量。

（5）天沟、檐沟、檐口、泛水和立面涂膜防水层的收头，应用防水涂料多遍涂刷或用密封材料封严。

（二）仪器和机具准备

钢尺、钢针等。

（三）检验标准与方法

涂膜防水层质量检验标准与检验方法见表 6-6。

涂膜防水层质量检验标准与检验方法　　　　　　表 6-6

项目	序号	检查项目	允许偏差或允许值		检查方法
			单位	数值	
主控项目	1	防水涂料及胎体增强材料	按设计要求		检查出厂合格证、质量检验报告和现场抽样复验报告
	2	防水层	不得有渗漏或积水现象		雨后或淋水、蓄水检验

续表

项目	序号	检查项目	允许偏差或允许值		检查方法
			单位	数值	
主控项目	3	天沟、檐沟、檐口、水落口、泛水、变形缝和伸出屋面管道的防水构造	按设计要求		观察检查和检查隐蔽工程验收记录
一般项目	1	平均厚度	按规范规定		针测法或取样量测
	2	防水层质量	按规范规定		观察
	3	保护层	按规范规定		观察

复习思考题

1. 找平层质量检验项目有哪些?

2. 涂膜防水屋面检验要点有哪些内容?

3. 涂膜防水层质量验收的主控项目有哪些?

完成任务要求

完成施工现场已完工程的检验。

任务 3　刚性防水屋面工程检验

【引导问题】

1. 刚性防水屋面适用范围是什么?

2. 试述刚性防水屋面的施工工艺?

【工作任务】

通过对已完工程的质量进行检验,确定其是否符合验收规范的规定。

【学习参考资料】

1.《建筑施工技术(第三版)》姚谨英主编

2.《屋面工程质量验收规范》GB 50207—2002

3.《建筑工程施工质量验收统一标准》GB 50300—2001

4. 建筑施工手册

一、一般规定

(1) 屋面工程应根据工程特点、地区自然条件等,按照屋面防水等级的设防要求,进行防水构造设计,重要部位应有详图;对屋面保温层的厚度,应通过计算确定。

(2) 屋面工程施工前,施工单位应进行图纸会审,并应编制屋面工程施工方案或技术措施。

(3) 屋面工程施工时,应建立各道工序的自检、交接检和专职人员检查的

"三检"制度，并有完整的检查记录。每道工序完成，应经监理单位（或建设单位）检查验收，合格后方可进行下道工序的施工。

（4）屋面工程完工后，应按本规范的有关规定对细部构造、接缝、保护层等进行外观检验，并应进行淋水或蓄水检验。

（5）刚性防水屋面工程应按屋面面积每 $100m^2$ 抽查一处，每处 $10m^2$，且不得少于 3 处。接缝密封防水，每 $50m$ 应抽查一处，每处 $5m$，且不得少于 3 处。

二、细石混凝土防水层

（一）检验要点

（1）细石混凝土防水层的厚度不应小于 40mm，并应配置双向钢筋网片。钢筋网片在分格缝处应断开，其保护层厚度不应小于 10mm。

（2）细石混凝土防水层的分格缝，应设在屋面板的支承端、屋面转折处、防水层与突出屋面结构的交接处，其纵横间距不宜大于 6m。分格缝内应嵌填密封材料。

（3）细石混凝土防水层与立墙及突出屋面结构等交接处，均应做柔性密封处理；细石混凝土防水层与基层间宜设置隔离层。

（二）仪器和机具准备

2m 靠尺和楔形塞尺、钢尺等。

（三）检验标准与方法

细石混凝土防水层质量检验标准与检验方法见表 6-7。

细石混凝土防水层质量检验标准与检验方法　　　　表 6-7

项目	序号	检查项目	允许偏差或允许值		检查方法
			单位	数值	
主控项目	1	原材料及配合比	按设计要求		检查出厂合格证、质量检验报告、计量措施和现场抽样复验报告
	2	防水层	不得有渗漏或积水现象		雨后或淋水、蓄水检验
	3	天沟、檐沟、檐口、水落口、泛水、变形缝和伸出屋面管道的防水构造	按设计要求		观察检查和检查隐蔽工程验收记录
一般项目	1	表面质量	按规范规定		观察
	2	防水层厚度和钢筋位置	按设计要求		观察和尺量检查
	3	分格缝	按设计要求		观察和尺量检查
	4	表面平整度	mm	5	2m 靠尺和楔形塞尺检查

三、密封材料嵌缝

（一）检验要点

（1）密封防水部位的基层质量应符合下列要求：

1）基层应牢固，表面应平整、密实，不得有蜂窝、麻面、起皮和起砂现象。

2）嵌填密封材料的基层应干净、干燥。

（2）密封防水处理连接部位的基层，应涂刷与密封材料相配套的基层处理剂。基层处理剂应配比准确，搅拌均匀。采用多组分基层处理剂时，应根据有效时间确定使用量。

（3）接缝处的密封材料底部应填放背衬材料，外露的密封材料上应设置保护层，其宽度不应小于 200mm。

（4）密封材料嵌填完成后不得碰损及污染，固化前不得踩踏。

（二）仪器和机具准备

钢尺等。

（三）检验标准与方法

密封材料嵌缝质量检验标准与检验方法见表 6-8。

密封材料嵌缝质量检验标准与检验方法 表 6-8

项目	序号	检查项目	允许偏差或允许值		检查方法
			单位	数值	
主控项目	1	材料质量	设计要求		检查出厂合格证、配合比和现场抽样复验报告
	2	嵌填质量	按规范规定		观察
一般项目	1	基层处理	按规范规定		观察
	2	接缝宽度和深度偏差	按规范规定		钢尺检查
	3	表面质量	按规范规定		观察

复习思考题

1. 刚性防水屋面检验数量如何确定？

2. 刚性防水层检验项目有哪些内容？

3. 密封材料嵌缝检验要点有哪些？

完成任务要求

完成施工现场已完工程的检验。

任务 4　瓦屋面和隔热屋面工程检验

【引导问题】

1. 隔热屋面的构造组成是什么？

2. 试述瓦屋面的种类。

【工作任务】

通过对已完工程的质量进行检验，确定其是否符合验收规范的规定。

【学习参考资料】

1. 《建筑施工技术（第三版）》姚谨英主编

2. 《屋面工程质量验收规范》GB 50207—2002

3.《建筑工程施工质量验收统一标准》GB 50300—2001

4. 建筑施工手册

一、一般规定

（1）屋面工程应根据工程特点、地区自然条件等，按照屋面防水等级的设防要求，进行防水构造设计，重要部位应有详图；对屋面保温层的厚度，应通过计算确定。

（2）屋面工程施工前，施工单位应进行图纸会审，并应编制屋面工程施工方案或技术措施。

（3）屋面工程施工时，应建立各道工序的自检、交接检和专职人员检查的"三检"制度，并有完整的检查记录。每道工序完成，应经监理单位（或建设单位）检查验收，合格后方可进行下道工序的施工。

（4）屋面工程完工后，应按本规范的有关规定对细部构造、接缝、保护层等进行外观检验，并应进行淋水或蓄水检验。

（5）瓦屋面、隔热屋面工程应按屋面面积每 100m² 抽查一处，每处 10m²，且不得少于 3 处。

二、平瓦屋面

（一）检验要点

（1）平瓦屋面与立墙及突出屋面结构等交接处，均应做泛水处理。

（2）天沟、檐沟的防水层，应采用合成高分子防水卷材、高聚物改性沥青防水卷材、沥青防水卷材、金属板材或塑料板材等材料铺设。

（3）平瓦屋面的有关尺寸应符合下列要求：

1）脊瓦在两坡面瓦上的搭盖宽度，每边不小于 40mm。

2）瓦伸入天沟、檐沟的长度为 50～70mm。

3）天沟、檐沟的防水层伸入瓦内宽度不小于 150mm。

4）瓦头挑出封檐板的长度为 50～70mm。

5）突出屋面的墙或烟囱的侧面瓦伸入泛水宽度不小于 50mm。

（二）仪器和机具准备

无

（三）检验标准与方法

平瓦屋面质量检验标准与检验方法见表 6-9。

平瓦屋面质量检验标准与检验方法　　　　　　　　　　表 6-9

项目	序号	检查项目	允许偏差或允许值		检查方法
			单位	数值	
主控项目	1	平瓦及其脊瓦质量	按设计要求		观察、检查出厂合格证明文件、质量检验报告
	2	平瓦铺置	按规范规定		观察和手扳检查

续表

项目	序号	检查项目	允许偏差或允许值		检查方法
			单位	数值	
一般项目	1	表面质量	按规范规定		观察
	2	脊瓦	按规范规定		观察和手扳检查
	3	泛水做法	按规范规定		观察和雨后或淋水检验

三、油毡瓦屋面

（一）检验要点

（1）油毡瓦屋面与立墙及突出屋面结构等交接处，均应做泛水处理。

（2）油毡瓦的基层应牢固平整。如为混凝土基层，油毡瓦应用专用水泥钢钉与冷沥青玛瑞脂粘结固定在混凝土基层上；如为木基层，铺瓦前应在木基层上铺设一层沥青防水卷材垫毡，用油毡钉铺钉，钉帽应盖在垫毡下面。

（3）油毡瓦屋面的有关尺寸应符合下列要求：

1）脊瓦与两坡面油毡瓦搭盖宽度每边不小于 100mm。

2）脊瓦与脊瓦的压盖面不小于脊瓦面积的 1/2。

3）油毡瓦在屋面与突出屋面结构的交接处铺贴高度不小于 250mm。

（二）检验标准与方法

油毡瓦质量检验标准与检验方法见表 6-10。

油毡瓦质量检验标准与检验方法 表 6-10

项目	序号	检查项目	允许偏差或允许值		检查方法
			单位	数值	
主控项目	1	油毡瓦质量	按设计要求		检查出厂合格证、质量检验报告
	2	固定钉钉固	按规范规定		观察
一般项目	1	铺设要求	按规范规定		观察
	2	表面质量	按规范规定		观察
	3	泛水做法	按规范规定		观察和雨后或淋水检验

四、金属板材屋面

（一）检验要点

（1）金属板材屋面与立墙及突出屋面结构等交接处，均应做泛水处理。两板间应放置通长密封条；螺栓拧紧后，两板的搭接口处应用密封材料封严。

（2）压型板应采用带防水垫圈的镀锌螺栓（螺钉）固定，固定点应设在波峰上。所有外露的螺栓（螺钉），均应涂抹密封材料保护。

（3）压型板屋面的有关尺寸应符合下列要求：

1）压型板的横向搭接不小于一个波，纵向搭接不小于 200mm。

2）压型板挑出墙面的长度不小于 200mm。

3）压型板伸入檐沟内的长度不小于 150mm。

4）压型板与泛水的搭接宽度不小于 200mm。

（二）仪器和机具准备

钢尺等。

（三）检验标准与方法

金属板材屋面质量检验标准与检验方法见表 6-11。

金属板材屋面质量检验标准与检验方法　　　　表 6-11

| 项目 | 序号 | 检查项目 | 允许偏差或允许值 | | 检查方法 |
			单位	数值	
主控项目	1	金属板材及其辅助材料	按设计要求		检查出厂合格证、质量检验报告
	2	连接和密封处理	按规范规定		观察检查和雨后或淋水检验
一般项目	1	屋面质量	按规范规定		观察和尺量检查
	2	檐口线、泛水质量	按规范规定		观察

五、架空屋面

（一）检验要点

（1）架空隔热层的高度应按照屋面宽度或坡度大小的变化确定。如设计无要求，一般以 100～300mm 为宜。当屋面宽度大于 10m 时，应设置通风屋脊。

（2）架空隔热制品支座底面的卷材、涂膜防水层上应采取加强措施，操作时不得损坏已完工的防水层。

（3）架空隔热制品的质量应符合下列要求：

1）非上人屋面的黏土砖强度等级不应低于 MU7.5。

2）上人屋面的黏土砖强度等级不应低于 MU10。

3）混凝土板的强度等级不应低于 C20，板内宜加放钢丝网片。

（二）仪器和机具准备

钢尺、楔形塞尺等。

（三）检验标准与方法

架空屋面质量检验标准与检验方法见表 6-12。

架空屋面质量检验标准与检验方法　　　　表 6-12

| 项目 | 序号 | 检查项目 | 允许偏差或允许值 | | 检查方法 |
			单位	数值	
主控项目	1	架空隔热制品的质量	设计要求		观察检查、检查出厂合格证、质量检验报告

续表

项目	序号	检 查 项 目	允许偏差或允许值		检 查 方 法
			单位	数值	
一般项目	1	屋面施工质量	按规范规定		观察和尺量检查
	2	相邻两块制品的高低差	mm	3	用直尺和楔形塞尺检查

六、蓄水屋面

（一）检验要点

（1）蓄水屋面应采用刚性防水层或在卷材、涂膜防水层上面再做刚性防水层，防水层应采用耐腐蚀、耐霉烂、耐穿刺性能好的材料。

（2）蓄水屋面应划分为若干蓄水区，每区的边长不宜大于 10m，在变形缝的两侧应分成两个互不连通的蓄水区；长度超过 40m 的蓄水屋面应做横向伸缩缝一道。蓄水屋面应设置人行通道。

（3）蓄水屋面所设排水管、溢水口和给水管等，应在防水层施工前安装完毕。

（4）每个蓄水区的防水混凝土应一次浇筑完毕，不得留施工缝。

（二）仪器和机具准备

钢尺等。

（三）检验标准与方法

蓄水屋面质量检验标准与检验方法见表 6-13。

蓄水屋面质量检验标准与检验方法　　　　　　表 6-13

项目	序号	检 查 项 目	允许偏差或允许值		检 查 方 法
			单位	数值	
主控项目	1	溢水口、过水孔、排水管、溢水管	按设计要求		观察和尺量检查
	2	防水层施工	按设计要求		蓄水至规定高度观察检查

七、种植屋面

（一）检验要点

（1）种植屋面的防水层应采用耐腐蚀、耐霉烂、耐穿刺性能好的材料。

（2）种植屋面采用卷材防水层时，上部应设置细石混凝土保护层。

（3）种植屋面应有 1‰～3‰ 的坡度。种植屋面四周应设挡墙，挡墙下部应设泄水孔，孔内侧放置疏水粗细骨料。

（4）种植覆盖层的施工应避免损坏防水层；覆盖材料的厚度、质（重）量应符合设计要求。

（二）仪器和机具准备

钢尺等。

（三）检验标准与方法

种植屋面质量检验标准与检验方法见表 6-14。

种植屋面质量检验标准与检验方法 表 6-14

项目	序号	检查项目	允许偏差或允许值		检查方法
			单位	数值	
主控项目	1	挡墙泄水口	设计要求		观察和尺量检查
	2	防水层施工	设计要求		蓄水至规定高度观察检查

复习思考题

1. 平瓦屋面尺寸要求有哪些？
2. 架空制品的质量要求有哪些内容？
3. 油毡瓦屋面质量验收的主控项目有哪些？
4. 蓄水屋面质量验收的主控项目有哪些？

完成任务要求

完成施工现场已完工程的检验。

单元 7　单位工程检验

建筑工程施工质量验收包括工程质量的中间验收和竣工验收两个方面，通过对工程建设过程中的中间产出品和最终产品的质量检验，从过程控制和最终把关两方面对质量严格控制，使其达到业主的要求。

单位工程达到竣工验收条件后，在施工单位自检和项目监理机构预验情况下，建设单位组织相关单位对单位工程进行验收，验收合格后的工程项目便可办理工程交接手续。

任务 1　质量控制资料核查

【引导问题】

1. 工程质量控制资料的作用是什么？
2. 质量管理体系中的体系文件包括哪些？

【工作任务】

通过质量控制资料核查的质量，判断该工程能否满足设计要求和使用功能。

【学习参考资料】

1. 《建筑工程施工质量验收统一标准》GB 50300—2001
2. 建筑工程技术资料手册

一、一般规定

总承包单位将各分部（子分部）工程应有的质量控制资料进行核查，总监理工程师可按单位工程所包含的分部（子分部）工程分别核查，也可综合抽查。目的是强调建筑结构、设备性能、使用功能方面主要技术性能的检验，以说明工程质量是安全的、使用功能是有保障的。

标准中规定质量控制资料应完整，通常情况下可按以下三个层次进行判定其完整性：

（1）该有的资料项目已经具有；

（2）在每个项目中该有的资料已经具有；

（3）在每个资料中该有的数据已经具有。

每个工程的具体情况不一样，资料完整性要根据工程特点和已有资料的具体情况确定。总之，如果资料能够保证该工程结构安全和使用功能，能达到设计要求则可认为其完整性，否则不能判为完整。

二、质量控制资料核查的内容

（一）建筑与结构资料核查内容

建筑与结构资料核查的内容包括：

1. 图纸会审、设计变更、洽商记录；

2. 工程定测量、放线记录；

3. 原材料出厂合格证书及进场检（试）验报告；

4. 施工试验报告及见证检测报告；

5. 隐蔽工程验收记录；

6. 施工记录；

7. 预制构件、预拌混凝土合格证；

8. 地基基础、主体结构检验及抽样检测资料；

9. 分项、分部工程质量验收记录；

10. 工程质量事故及事故调查处理资料；

11. 新材料、新工艺施工记录检测方法。

（二）给排水与采暖工程资料核查内容

给排水与采暖工程资料核查的内容包括：

1. 图纸会审、设计变更、洽商记录；

2. 材料、配件出厂合格证书及进场检（试）验报告；

3. 管道、设备强度试验、严密性试验记录；

4. 隐蔽工程验收记录；

5. 系统清洗、灌水、通水、通球试验记录；

6. 施工记录；

7. 分项、分部工程质量验收记录。

（三）建筑电气工程资料核查的内容

建筑电气工程资料核查的内容包括：

1. 图纸会审、设计变更、洽商记录；

2. 材料、设备出厂合格证书及进场检（试）验报告；

3. 设备调试记录；

4. 接地、绝缘电阻测试记录；

5. 隐蔽工程验收记录；

6. 施工记录；

7. 分项、分部工程质量验收记录。

（四）通风与空调工程资料核查的内容

通风与空调工程资料核查的内容包括：

1. 图纸会审、设计变更、洽商记录；

2. 材料、设备出厂合格证书及进场检（试）验报告；

3. 制冷、空调、水管道强度试验、严密性试验记录；

4. 隐蔽工程验收记录；

5. 制冷设备运行调试记录；

6. 通风、空调系统调试记录；

7. 施工记录；

8. 分项、分部工程质量验收记录。

（五）电梯工程资料核查内容

电梯工程资料核查的内容包括：

1. 土建布置图纸会审、设计变更、洽商记录；

2. 设备出厂合格证书及开箱检验记录；

3. 隐蔽工程验收记录；

4. 施工记录；

5. 接地、绝缘电阻测试记录；

6. 负荷试验、安全装置检查记录；

7. 分项、分部工程质量验收记录。

（六）智能建筑工程资料核查内容

智能建筑工程资料核查的内容包括：

1. 图纸会审、设计变更、洽商记录、竣工图及设计说明；

2. 材料、设备出厂合格证及技术文件及进场检（试）验报告；

3. 隐蔽工程验收记录；

4. 系统功能测定及设备调试记录；

5. 系统技术、操作和维护手册；

6. 系统管理、操作人员培训记录；

7. 系统检测报告；

8. 分项、分部工程质量验收记录。

复习思考题

1. 如何判定质量控制资料是否完整？

2. 建筑与结构资料核查的内容包括哪些？

3. 给排水与采暖工程资料核查的内容包括哪些？

4. 建筑电气工程资料核查的内容包括哪些？

5. 通风与空调工程资料核查的内容包括哪些？

6. 电梯工程资料核查的内容包括哪些？

7. 智能建筑工程资料核查的内容包括哪些？

完成任务要求

1. 正确对质量控制资料的内容进行核查。

2. 正确填写质量控制资料核查表。

任务 2　安全和功能的检测

【引导问题】

1. 安全和功能的检测作用是什么？

2. 安全和功能的检测项目有哪些？

【工作任务】

通过安全和功能检测的质量，判断该工程能否满足设计要求和使用功能。

【学习参考资料】

1. 《建筑工程施工质量验收统一标准》GB 50300—2001

2. 建筑工程技术资料手册

一、一般规定

（一）有关安全和功能的检测资料应完整

涉及安全和使用功能的分部工程应进行检验资料的复查，不仅要全面检查其完整性（不得有漏检缺项），而且对分部工程验收时补充进行的见证抽样检验报告也要复核。这种强化验收的手段体现了对安全和主要使用功能的重视。这是现行验收规范修订中新增加的内容。

在分部（子分部）工程中提出一些检测项目，检测达到要求后应形成检测记录并签字认可。在单位工程验收时，对分部（子分部）工程中应检测项目进行核对，核查后将核查结果填入记录表。

（二）主要功能项目的抽查

这是现行验收规范修订中新增加的内容，对主要使用功能还须进行抽查。使用功能的检查是对建筑工程和设备安装工程最终质量的综合检验，也是用户最为关心的内容。因此，在分项、分部工程验收合格的基础上，竣工验收时再作全面检查。抽查项目是在检查资料文件的基础上由参加验收的各方人员商定，并用计量、计数的抽样方法确定检查部位。

通常主要功能抽查项目应为有关项目最终的、综合性的使用功能，如室内环境检测、照明全负荷试验检测等。只有最终检测项目效果不佳或其他原因，必须进行中间过程有关项目的检测时，要与有关单位共同制定检测方案，并要制定成品保护措施。主要功能项目抽查检测多数还是复查性和验证性的。

二、安全和功能的检测项目

（一）建筑与结构安全和功能检查项目

建筑与结构安全和功能检查项目包括：

1. 屋面淋水试验记录；

2. 地下室防水效果检查记录；

3. 有防水要求的地面蓄水试验记录；

4. 建筑物垂直度、标高、全高测量记录；

5. 抽气（风）道检查记录；

6. 幕墙及外窗气密性、水密性、耐风压检测报告；

7. 建筑物沉降观测测量记录；

8. 节能、保温测试记录；

9. 室内环境检测报告。

（二）给排水与采暖工程安全和功能检查项目

给排水与采暖工程安全和功能检查项目包括：

1. 给水管道通水试验记录；

2. 暖气管道、散热器压力试验记录；

3. 卫生器具满水试验记录；

4. 消防管道、燃气管道压力试验记录；

5. 排水干管通球试验记录。

（三）建筑电气工程安全和功能检查项目

建筑电气工程安全和功能检查项目包括：

1. 照明全负荷试验记录；

2. 大型灯具牢固性试验记录；

3. 避雷接地电阻测；

4. 线路、插座、开关接地检验记录。

（四）通风与空调工程安全和功能检查项目

通风与空调工程安全和功能检查项目包括：

1. 通风、空调系统试运行记录；

2. 风量、温度测试记录；

3. 洁净室洁净度测试记录；

4. 制冷机组试运行调试记录。

（五）电梯工程安全和功能检查项目

电梯工程安全和功能检查项目包括：

1. 电梯运行记录；

2. 电梯安全装置检测报告。

（六）智能建筑工程安全和功能检查项目

智能建筑工程安全和功能检查项目包括：

1. 系统试运行记录；

2. 系统电源及接地检测报告。

复习思考题

1. 建筑与结构安全和功能检查项目包括哪些？

2. 给排水与采暖工程安全和功能检查项目包括哪些？

3. 建筑电气工程安全和功能检查项目包括哪些？

4. 通风与空调工程安全和功能检查项目包括哪些？

5. 电梯工程安全和功能检查项目包括哪些？

6. 智能建筑工程安全和功能检查项目包括哪些？

完成任务要求

1. 正确对安全和功能项目进行检查。

2. 正确填写安全和功能检查表。

任务 3　观感质量验收

【引导问题】

1. 什么是观感质量？

2. 观感质量如何检查判定质量？

【工作任务】

通过观感质量检查的质量，判断该工程能否满足设计要求和使用功能。

【学习参考资料】

1.《建筑工程施工质量验收统一标准》GB 50300—2001

2. 建筑工程技术资料手册

一、一般规定

关于观感质量验收，这类检查往往难以定量，只能以观察、触摸或简单量测的方式进行，并由各个人的主观印象判断，检查结果并不给出"合格"或"不合格"的结论，而是综合给出质量评价。

观感质量评价是工程的一项重要评价工作，是全面评价一个单位工程的外观及使用功能质量，可以促进施工过程的管理和成品保护。观感质量检查绝不是单纯的外观检查，而是对工程进行一次宏观的全面质量检验。系统的对单位工程检查，可全面地衡量单位工程质量的实际情况，突出对工程整体的检验和对用户负责的观点。

由于这项工作受人为影响较大，对质量评价只给好、一般、差，而且不影响工程质量的验收。验收人员通过现场检查，综合考虑并应共同确认。对于评价为差的项目，应尽可能修理，不能修理的就协商解决，并在验收表上注明。

二、观感质量检查的项目

（一）建筑与结构观感质量检查项目

建筑与结构观感质量检查的项目包括：

1. 室外墙面；

2. 变形缝；

3. 水落管，屋面；

4. 室内墙面；

5. 室内顶棚；

6. 室内地面；

7. 楼梯、踏步、护栏；

8. 门窗。

（二）给排水与采暖工程观感质量检查项目

给排水与采暖工程观感质量检查的项目包括：

1. 管理接口、坡度、支架；

2. 卫生器具、支架、阀门；

3. 检查口、扫除口、地漏；

4. 散热器、支架。

（三）建筑电气工程观感质量检查的项目

建筑电气工程观感质量检查的项目包括：

1. 配电箱、盘、板、接线盒；

2. 设备器具、开关插座；

3. 防雷、接地。

（四）通风与空调工程观感质量检查的项目

通风与空调工程观感质量检查的项目包括：

1. 风管、支架；

2. 风口、风阀；

3. 风机、空调设备；

4. 阀门、支架；

5. 水泵、冷却塔；

6. 绝热。

（五）电梯工程观感质量检查的项目

电梯工程观感质量检查的项目包括：

1. 运行、平层、开关门；

2. 层门、信号系统；

3. 机房。

（六）智能建筑工程观感质量检查的项目

智能建筑工程观感质量检查的项目包括：

1. 机房设备安装及布局；

2. 现场设备安装。

复习思考题

1. 如何判定观感质量？

2. 建筑与结构观感质量检查的项目包括哪些？

3. 给排水与采暖工程观感质量检查的项目包括哪些？

4. 建筑电气工程观感质量检查的项目包括哪些？

5. 通风与空调工程观感质量检查的项目包括哪些?

6. 电梯工程观感质量检查的项目包括哪些?

7. 智能建筑工程观感质量检查的项目包括哪些?

完成任务要求

1. 正确对观感质量进行检查。

2. 正确填写观感质量检查表。

主要参考文献

[1] 苏达根. 土木工程材料. 北京：高等教育出版社，2003

[2] 王福川. 新型建筑材料. 北京：中国建筑工业出版社，2003

[3] 赵方冉. 土木工程材料. 上海：同济大学出版社，2004

[4] 柳俊哲. 土木工程材料. 北京：科学出版社，2005

[5] 范文昭. 建筑材料（第四版）. 北京：中国建筑工业出版社，2004

[6] 吴慧敏. 建筑材料（第四版）. 北京：中国建筑工业出版社，1997

[7] 赵方冉. 土木工程材料. 北京：中国建材工业出版社，2003

[8] 葛新亚. 建筑装饰材料. 湖北：武汉理工大学出版社，2004

[9] 刘祥顺. 建筑材料. 北京：中国建筑工业出版社，1997

[10] 柯国军. 建筑材料质量控制. 北京：中国建筑工业出版社，2003

[11] 魏鸿汉. 建筑材料. 北京：中国建筑工业出版社，2004

[12] 杨静. 建筑材料. 北京：中国水利水电出版社，2004

[13] 纪士斌. 建筑材料. 北京：清华大学出版社，2004

[14] 张健. 建筑材料与检测. 北京：化学工业出版社，2003

[15] 王秀花. 建筑材料. 北京：机械工业出版社，2004

[16] 陈宝钰. 建筑装饰材料. 北京：中国建筑工业出版社，2003

[17] 高琼英. 建筑材料. 湖北：武汉工业大学出版社，2000

[18] 何平，严国云. 材料检测. 北京：高等教育出版社，2005

[19] 王世芳. 建筑材料自学辅导. 湖北：武汉大学出版社，2002

[20] 唐传森. 建筑工程材料. 重庆：重庆大学出版社，1995

[21] 建筑工程施工质量验收统一标准 GB 50300—2001

[22] 建筑地基基础工程施工质量验收规范 GB 50202—2002

[23] 砌体工程施工质量验收规范 GB 50203—2002

[24] 混凝土结构工程施工质量验收规范 GB 50204—2002

[25] 钢结构工程施工质量验收规范 GB 50205—2001

[26] 屋面工程质量验收规范 GB 50207—2002

[27] 地下防水工程施工质量验收规范 GB 50208—2002

[28] 建筑地面工程施工质量验收规范 GB 50209—2002

[29] 建筑装饰装修工程施工质量验收规范 GB 50210—2001